#てんこもりフルカワ

古川優香スタイルブック

Make & Fashion

KADOKAWA

CONTENTS

#てんこもりフルカワ
始まるで〜!

※ P4-19の「COLORFUL STYLE」、P54-61の「THIS IS WHAT I AM.」で紹介しているアイテムは全て税抜き価格です。紹介アイテムの問い合わせ先はP112に掲載しています。

※ P20-35 の「古川優香のおしゃれにまつわる7個のルール。」、P36-53 の「BEAUTY METHOD」、P78-89 の「古川優香に聞く、100のコト。」で紹介しているアイテムで価格の入っていないものは全て私物です。現在入手できないものもあります。

※ P64-67「韓国が好きすぎてツライ」、P92-93「I ♥ GOHAN」は、全て本人渡航時・来店時のものです。現在変更されていたり、ないものもあります。

COLOR FUL STYLE

Yuka Furukawa

「ゆうか基本なんでもいいねん」
スタイルは、こだわりがないのがこだわり。
カジュアルからガーリーまで、着たいものは全部着たい！
好奇心旺盛に、やりたいと思ったら絶対やる!!
何色にも染まらず何色にでも染まるのがゆうか式。

COLOR FUL STYLE

ロングTシャツ￥34,800／ホリデイ（ホリデイ） スカート￥35,000／オウシーナン（ススプレス） バッグ￥6,900／アコモデ（アコモデ ルミネエスト新宿店）他・スタイリスト私物

デニムジャケット￥34,800、パンツ￥34,000／ともにホリデイ（ホリデイ）　他・スタイリスト私物

Chips
Feeling good
in my lovely wear.

スカート¥34,000／ネオンサイン（ネオンサイン）　バッグ各¥2,900／アコモデ（アコモデルミネエスト新宿店）　他・スタイリスト私物

ME STAND
Chips

パーカーワンピース￥22,000／ユウミアリア（アリア）／パンツ￥28,000
ヴィーエル・バイ・ヴィー（ススプレス）
キャップ￥1,750／メルロー（メルロー）
他・スタイリスト私物

my fav style!
Seivson

スウェット￥14,500、パンツ￥18,900／ともにセイヴソン（ピールピーアール）サコッシュ￥4,500／ホリデイ（ホリデイ）　他・スタイリスト私物

decided based on the mood.

スカート ¥23,800 ／ホリデイ（ホリデイ）　他・スタイリスト私物

Outfit is

ナイロンパーカー¥24,800、スカート¥26,800／ともにホリデイ（ホリデイ） ベルト¥1,000／メルロー（メルロー） バッグ¥10,000／カイコー（ピールピーアール） 他・スタイリスト私物

愛情いっぱい込めて
作りました、みてね！
古川優香

トップス￥2,250、中に着たブラウス￥3,500／ともにメルロー（メルロー）　他・スタイリスト私物

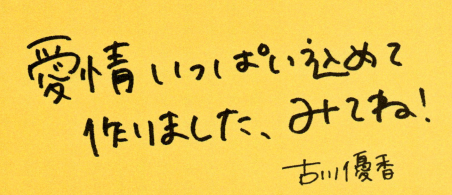

古川優香の
おしゃれにまつわる7個のルール。

5

ゆるっとが好き♥

2

6

3

7

着る服はその日の気分で決める！スカートが着たい日もあれば、パンツな気分の日もある。ガーリーもカジュアルもメンズライクも、いろんなスタイルを楽しみたいゆうかの７つのルール。クローゼットの中ぜ～んぶ使って、オール私服でコーディネートを発表！ババン！

4

Yuka's outfit 7 Rules

1

気に入ったら
カラバリ揃える♪

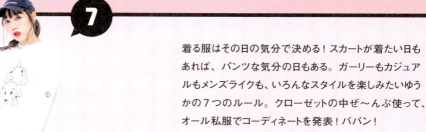

RULE.1
デコラティブな服にヒトメボレします。

一風変わったデザインを見たらワクワクするやろ？
とにかく変わったものに惹かれるから、デコラティブな服は問答無用で好き！

ニッポン？ チャイナ？
どっちがしたいねん（笑）

フロントのロゴと背中の浮世絵（P23左写真）が存在感抜群のTシャツ。ミニ丈のチャイナスカートと合わせてどっちつかず狙いのコーデ。jouetieのTシャツ、W♡Cのスカート

一見シンプルでもディテールにこだわる！

袖とフロントのフリルが立体感のあるコーディネート。遊び心たっぷりのアイキャッチーなバッグでアクセントをプラス。SLYのシャツ、MOUSSYのデニムショートパンツ、GUCCIのチェーンバッグ、MOUSSYのサンダル

アシメなスカートとスウェットのギャップが好き

トップスはスウェット、ボトムは女子度の高いプリーツスカートのセットアップ。カジュアルレディなバランスがちょうどいい。SNIDELのセットアップ、LOUIS VUITTONのバッグ、Stella McCartneyのシューズ

フリル&フリルも派手カラーなら甘すぎない

ビビッドなオレンジとブルーのコンビが印象的なフリルシャツ。ブラックのスカートで引き締めて子どもっぽくならないように。W♡Cのシャツ、HOTPINGのスカート

Rule.2 ロングワンピ好きすぎ説。

色柄問わず、ついつい買っちゃうロングワンピ。
特に春～秋はこのスタイルが多くなりがち。
小物で印象が変わるのも楽しい♪

花柄ワンピ×Gジャンは不滅の鉄板コンビ！

ブラック地に細かい花柄のロングワンピには、デニムジャケットと赤いスニーカーが好相性。リップも合わせて赤みオレンジに。Mila Owenのデニムジャケット、jouetieのワンピース、CONVERSEのスニーカー

トロピカルな柄は爽やかストリートにまとめる

とろみ感のあるシャツワンピをガチャベルトでメリハリ！ ターコイズブルーを引き立てるホワイト＆ネイビーの小物でまとめて。jouetieのワンピース、New Eraのキャップ、WEGOのベルト、CONVERSEのスニーカー

自然の景色が似合うカントリーガールがイメージ

ナチュラルなコットンワンピはジブリ作品に出てくるような少女の気分で。ストローハットで夏らしいコーディネートに。E hyphen world gallery PEACEのワンピース、古着のストローハット、CONVERSEのスニーカー

紫×黄色のやきいもみたいな
カラーリングがツボ!

ジップを開ければロングコートとして羽織りにもなるフード付きワンピ。クリアのメガネでフューチャリスティックに味付け。jouetieのワンピース、ユーズドのメガネ、Dr. Martensのシューズ

透け感のあるシフォン
ワンピは大人かわいく

何枚あってもほしくなる小花柄のワンピース。生成りのフリンジバッグにマーチンでちょい70sロックに締めるのが好バランス。韓国で買ったワンピース、Honey Salonのバッグ、Dr.Martensのシューズ

ナチュラルカラーでまとめて
とことんガーリーに

ワンピにとろみシャツを合わせてセパレート風に。頭から足の先までヌーディカラーに統一して、オレンジリップを際立たせて。WEGOのシャツ、who's who Chicoのワンピース、古着のヘアバンド、VANSのスニーカー

ダボパンにトップスINの男前スタイルにハマり中。

ダボっとゆるっとしたシルエットのパンツにトップスをINするのがスタイルUPの秘訣。
ハイウエストでメリハリをつけるのがポイント！

ビビッドなピンクがキュートな
ボーイズMIX

おいしそうなワッフルのプリントがポイント。パンツや、キャップ、スニーカーはモノトーンでまとめてTシャツを主役に。Aymmy in the batty girlsのTシャツ、Dickiesのパンツ、BALENCIAGAのキャップ、jouetieのベルト、NIKEのスニーカー

チェックの柄パンは
透けキャミで女の子要素を

プリントTシャツにフリルが付いたスケスケのキャミソールを重ね着。主張の強いアイテムを着たら、小物はシンプルめをチョイス。Kastaneのキャミソール、中に着たAymmy in the batty girlsのTシャツ、W♡Cのパンツ、COACHのバッグ、Dr.Martensのシューズ

80sなムードで
インパクト抜群！の紅白コーデ

Tシャツの刺しゅうに合わせた赤パンツをセレクト！ ウエストポーチを斜めがけしてコーディネートにアクセントをプラス。jouetieのTシャツ、jouetieのパンツ、WEGOのウエストポーチ、jouetieのベルト、PUMAのスニーカー

Rule.3

男くさいドカパンをトップスINで
今っぽくアレンジ

特徴的なグラフィックに高級感が漂うTシャツでシンプルに。パンツ以外を黒で揃えれば大人っぽいパンツスタイルに。UNDERCOVERのTシャツ、jouetieのパンツ、OPENING CEREMONYのトートバッグ、PUMAのスニーカー

ふわふわのシルクハットで
マジシャン風（笑）

細部にこだわりたい全身モノトーンのコーディネート。ふわふわのシルクハットとシルバーのスニーカーで変化球を加えて。SILVERLAKE PSYCHICS × TR2のスウェット、ADERERRORのパンツ、RASVOAのハット、jouetieのベルト、adidasのスニーカー

かっこいい男っぽさを意識した
アーミースタイル

迷彩パンツにレースアップブーツを合わせて、とことんアーミーに寄せて。トップスはシンプルなベージュのパーカーをON。o!oiのパーカー、AVOUT ME BYVのパンツ、Dr.Martensのブーツ

すっきりシルエットが
大人っぽいシンプルコーデ

袖ロゴがポイントのロンTとボトムのブルーを揃えてコーディネート。ポニーの三つ編みで男っぽいスタイルのバランスを整えて。UNDERCOVER のロングTシャツ、X-girl のパンツ、Dr.Martens のブーツ

Rule.4

ゆるゆるのストリート男子は“チノ”か“オーバーオール”！

チノパンかオーバーオールでちょっと昔っぽい雰囲気に。
男の子になりたかった幼少期を思い出す、メンズライクなストリート系。

バックプリントがかわいい紫スウェットがコーディネートの主役！ 足元は真っ白のエアフォース1でボリュームをもたせて。OTHOWEHNEのスウェット、Dickiesのパンツ、NIKEのスニーカー

黒チノならカラースウェットで遊びたい

ベージュチノはシンプルに黒パーカー！

ブラック×ベージュの王道コンビは外せないスタイル。彼氏の服そのまま着ちゃいました、みたいな雰囲気がかわいすぎる。CREOLMEのパーカー、Dickiesのパンツ、NIKEのスニーカー

CHINO

OVERALLS

幼少時代を思い出す歌のお兄さんルック(笑)

デコラティブなトップスでピエロみたいに

アシンメトリーなフリルがキュートなスウェットは、肩ひもを片方落としてしっかり見せて。遊び心たっぷりにヘアや小物で味付けして。KENZOのスウェット、RODEO CROWNSのオーバーオール、JINSのメガネ、ASICSのスニーカー

袖のイラストプリントが目を引くロンTは黒のオーバーオールで。鮮やかグリーンのスニーカーでカラフルにコーディネート。little sunny biteのロングTシャツ、MOUSSYのオーバーオール、VANSのスニーカー

Rule.5

○○な気分のときはオトナ女子です。

オトナな格好がしたい時だってある。シンプルかつ甘すぎず
程よくカジュアル感を残すのが、ゆうかなりのオトナ女子コーデ。

お呼ばれのパーティはオトナなオールインワンで

レセプションやちょっとしたパーティなど、人が集まる場なら、大人すぎずカジュアルすぎず程よくキレイめにするのがマナー。jouetieのオールインワン、古着屋さんで買ったメガネ、COACHのバッグ、Dr.Martensのシューズ

ちょいコンサバで“かわいい”にいっぱい触れたい

小さなドットが女の子らしいサテンブラウスは、デニムのフレアスカートでコンサバすぎずカジュアル感を残すのがポイント。WEGOのシャツ、KAWI JAMELEのスカート

久しぶりの女子会ディナーはオトナカジュアルが◎

よそ行きカジュアルはスキニーデニムに厚底ブーティがちょうどいい。シンプルなボーダートップスでラフな雰囲気をキープして。SLYのトップス、Mila Owenのデニムパンツ、WEGOのベレー帽、Dr.Martensのバッグ、MOUSSYのブーツ

恋の予感がしたらちょっぴり辛めの女子モード

女の子扱いされたい気分、だけど女子モード全開なのはイヤ！ レオパード×ブラックのちょい辛口スタイルで凛としたオトナ女子に。GUのトップス、ADAM ET ROPÉのスカート、Saint Laurentのバッグ、MOUSSYのサンダル

大好きな
キャラものを
グレンチェックで
ファッション寄せ

Rule.6

ゆる×ミディ丈スカートでガーリーカジュアル。

オーバーサイズのスウェットに長めのスカートで、ゆるゆるシルエットに。
女の子っぽさと男の子っぽさをMIXしたスタイリング。

『101匹わんちゃん』にヒトメボレした赤いスウェットが主役！フリルがアクセントになったチェックのスカートで大人っぽく！ little sunny biteのスウェット、jouetie のスカート、CONVERSE のスニーカー

ちょい短め丈の
パーカーで
視線を上に
スタイルUP

チェック＆フリルのラブリーなスカートに黒パーカーをON。ゆるゆるシルエットでも程よい丈感で女の子らしい印象をキープ。Mila Owenのパーカー、jouetieのスカート、Dr.Martensのシューズ

グレー×
イエローが
絶妙に大人
ガーリーなムード

シルエットが好きすぎてカラバリを揃えているアシメのフリルスカート。グレーのスウェットなら大人シンプルなバランスに。jouetieのスウェット、jouetieのスカート、JINSのメガネ、Dr.Martensのブーツ

シルバーを使うと
カジュアル感と
おしゃれ感が
上がる⤴⤴

ペールピンク×シルバーの最強かわいいコンビ。プリーツスカートもあえてカジュアルに着くずすのがゆうか流おしゃれのルール！ Lily Brownのパーカー、SNIDELのスカート、NIKEのスニーカー

シンプルな
シルエットなら
ディテールに
こだわる！

メンズ仕様のスウェット×光沢のあるカーキのスカート。スカートのジップにさりげなく合わせたジップのスニーカーがポイント。UNDERCOVERのスウェット、jouetieのスカート、Y-3のスニーカー

Rule.7

ミニ丈ボトムはスニーカーで仕上げる。

シューズボックスの中は 8 割がスニーカー！ なくらい、とにかくスニーカーが好き。
脚を思いっきり出したミニ丈なら、迷わずスニーカー！

デニショーは子どもっぽくなりすぎないように注意！

トレンチや丸メガネでフレンチカジュアルに味付け。Tシャツ×デニムは気を抜くとただの子どもになるから小物使いが重要。韓国で買ったトレンチコート、中に着たAymmy in the batty girlsのTシャツ、MOUSSYのデニムショートパンツ、ユーズドのメガネ、Y-3 のスニーカー

オーバーサイズのスウェットはワンピにしてしまえ！

超大きめサイズのスウェットはワンピースにして着ると女の子カジュアルに。フロントに入った"最高の片想い"のメッセージがたまらん！ southpaw cathyのスウェット、Dickiesのウエストポーチ、NIKEのスニーカー

キュートな101匹わんちゃんは1枚で主役に

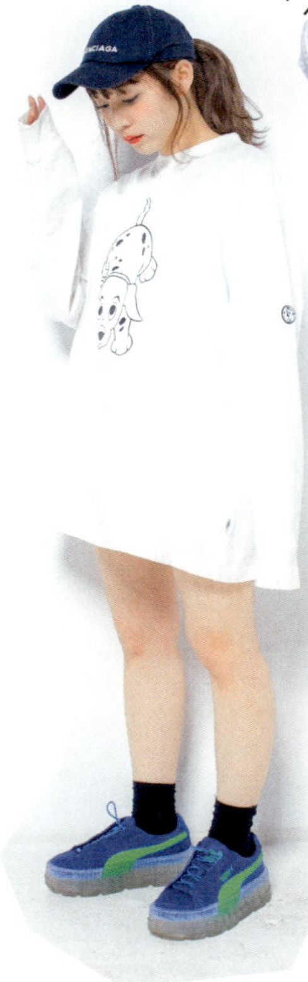

シンプル・イズ・ベスト。オーバーサイズのロンTはワンピースとしても着られる優れもの。個性のある小物で潔くコーディネート。little sunny biteのロングTシャツ、BALENCIAGA のキャップ、PUMA のスニーカー

ポイント使いの色と遊び心がコーデのキホンのキ！

1枚で重ね着が完成するワンピース。洋服が白黒ならスニーカーは色ものをチョイス。友達からのプレゼントのメタモンを添えて（笑）。little sunny bite のレイヤードワンピース、メタモンのバッグ、VANS のスニーカー

UTY METHOD

イテムまで、まるっとお見せします！

UNIQLOのTシャツ、RODEO CROWNS のオーバーオール（ともに私物）、イヤリング¥3,900／リキュエム

スッピン
大公開 !!
Before
すっぴんで
出歩くことも
たまーにあるけど、
基本は
しっかりメイク派！

ふるかわの“かわいい”を作る ビューティーレシピ

BEA

最近のゆうか流ビューティー事情を教えたる！　ということで、日本や韓国でゲットしたヘビロテコスメから、いつものヘアメイク方法、愛用ケアア

After
全部
セルフメイク
です！
発色のいい
カラーリップと
たれ目風
アイラインが基本。

BASIC MAKE-UP

いつものふるかわメイク、教えます。

My Make-up Items

基本のメイクを作る
いつものコスメ

毎日のメイクに欠かせない愛用コスメを全部見せ！ リップはその日の気分で変えることが多いけど、他アイテムはほとんどヘビロテ要員。コスメ売り場はよくチェックしてるよ。

C 「テクいらずでふんわりハイライトを入れられます！」ブラシ #109SES／M･A･C

A 「仕上げはパパッとサラスベ肌になるパウダー」ホワイトピュアパウダー（ナチュラル）／CandyDoll

B 「このブラシの角度がシェーディングに向いているんです」ブラシ／too cool for school

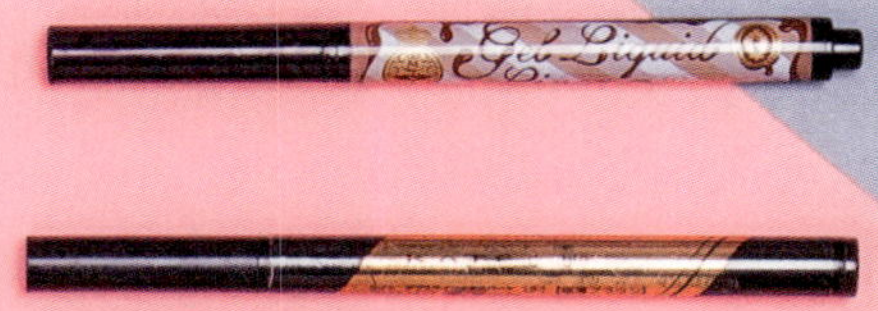

D 「発色がよくてにじまないです」ジェルリキッドライナー BR666／MAJOLICA MAJORCA

E 「涙袋用アイラインは色が絶妙」ケイト ダブルラインエキスパート LB-1 極薄ブラウン／KATE

G 「薄づきでナチュラルな下地プライマー」UV マスター プライマー モーヴ／GIORGIO ARMANI

H 「韓国発！ ツヤ肌になるBB クリーム」NOURISHING Beauty Balm［Black Label +］／Dr.Jart+

F 「お気に入りのカラコン。色はグリーンが好き！」ラルム モイスチャー UV／LARME

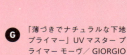

I 「肌なじみのいい色のノーズシャドウとハイライト」シェイピングパウダー（表参道店限定品）／M·A·C

J 「なめらかでスルスルっとのびるカラーコンシーラー♡」フィックス イット カラー 200／Dior

K 「ほんのりピンクに色づき、潤いも続く」LIP38℃ リップトリートメント +3℃／FLOWFUSHI

L 「髪色に合わせた眉マスカラ」ヘビーローテーション カラーリングアイブロウ 03／KISS ME

P 「スティックタイプで手強いクマ＆赤みを消す！」コンシーラースティック EX 2／MAQuillAGE

N 「パウダーよりスティック派！　ポンポン塗るだけで簡単です」チークスティック 01／CEZANNE

Q 「韓国で購入。鮮やかな赤色が長続きするティントリップ」B.Lip Moist Tint RD02／BANILA CO

O 「ブラウンシャドウは程よいラメ感で使いやすい」エクセル スキニーリッチシャドウ SR06／SANA

M 「3色のブラウンのシェーディングは見た目もかわいい！」PRO MULTI FACE 03／CLIO

R 「つけるだけで長さが出るからおすすめ！」マスカラ ディオールショウ デザイナー 698／Dior

S 「小鼻など細かい部分のハイライトはコレでササっと入れられます！」ブラシ #239SES／M·A·C

T 「程よいコシでノーズシャドウが入れやすいし、ピンク色なのもかわいい」ブラシ／SIXPLuS

POUCH

メイク道具一式を持ち歩く時には、OPENING CEREMONY のポーチを使ってます！

Basic Make-up

ふるかわ的基本のヘア＆メイク

ゆうかのいつものヘア&メイクを大公開！　いつもぱぱっと適当に済ませるけど、「シャドウは下まぶたのみ」、「アイラインはハネ上げない」とか、自分なりのこだわりはくずしません。髪の毛は、基本ストレート！

SKIN

のびがいいから
少量のばせば

① パープル系の下地（Ⓖ）を、パール1個分を目安に手に取る。

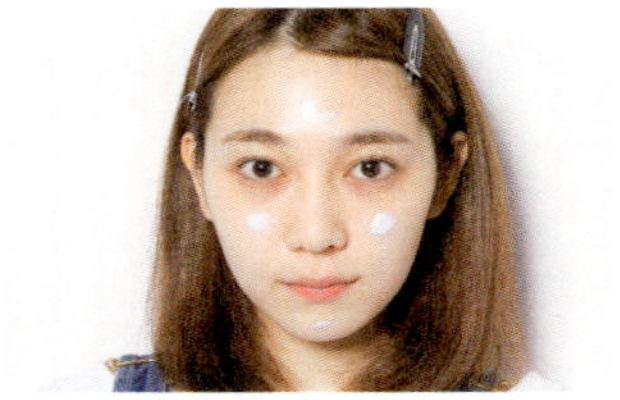

② おでこ、両頬、鼻、アゴに置き、人さし指、中指、薬指を使ってのばす。

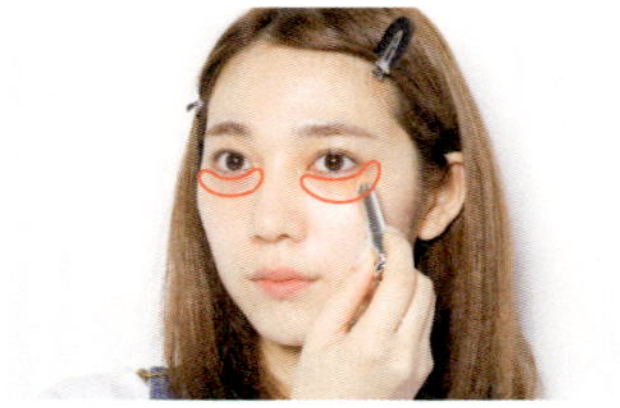

③ 目の下にカラーコンシーラー（Ⓙ）をのせて指でトントンとなじませる。

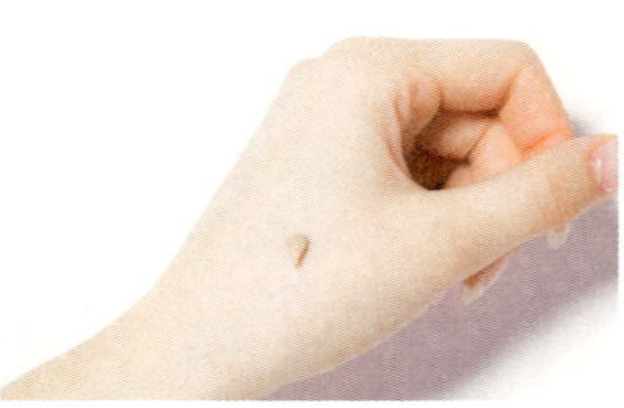

④ BBクリーム（Ⓗ）はパール1個分を目安に半プッシュ程度手に取る。

⑤ おでこ、両頬、鼻、アゴに置いたら、中指を使って顔全体になじませる。

⑥ さらにコンシーラー（Ⓟ）を目の下にサッとひと塗りして指でぼかしていく。

⑦ フェイスパウダー（Ⓐ）を顔全体に薄くのせて、テカリや毛穴をカバー。

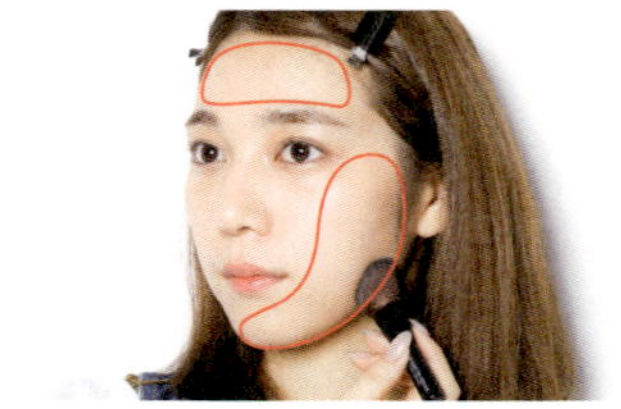

⑧ ブラシ（Ⓑ）でおでこ、頬〜アゴにかけてシェーディング（Ⓜ）を入れる。

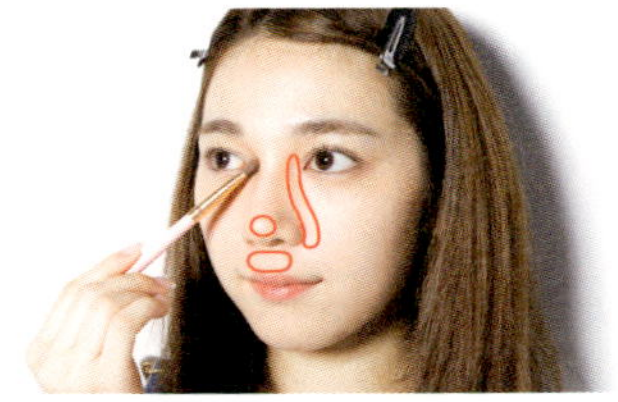

⑨ ノーズシャドウ（Ⓘ下段）はブラシ（Ⓣ）で目頭〜鼻の脇、鼻下、鼻の頭に。

⑩ ハイライト（Ⓘ上段）はまずブラシ（Ⓒ）で鼻の両サイドに入れる。

これで
美人顔に近づける
らしい♪

⑪ 鼻と口の間にもハイライト（Ⓘ上段）をミニブラシ（Ⓢ）で入れる。

CONTACT LENS

ベースメイクが終了したら、このタイミングでカラコン（Ⓕ）を装着！

HAIR

① 140度に設定したストレートアイロンで全体をストレートにのばしていく。

② 全体の毛先を内側に巻く。こまめに何度も素早く滑らせるのがポイント。

③ 前髪は全てを一気にストレートにのばす。内巻きにせず、とにかく真っすぐ！

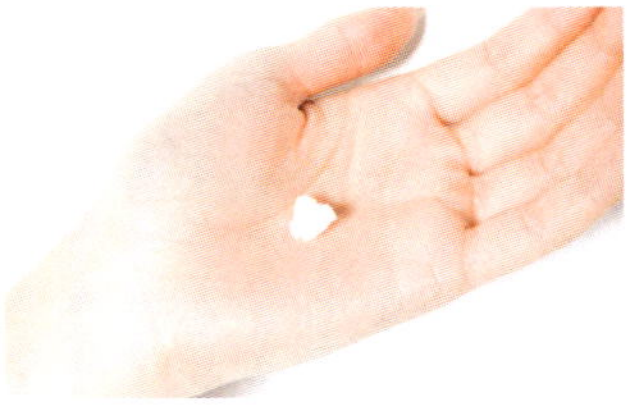

④ トリートメントを少量手に取ったら、まず手のひら全体になじませる。

髪の毛に
ツヤ感が
生まれる♪

⑤ 耳下～毛先にかけて揉み込む。前髪にもなじませて毛束感を出せば完成！

EYEBROW

眉マスカラ（Ⓛ）は眉尻から逆立てて塗ったあとに、毛並みに沿って整える。

LIP

潤った唇の
できあがり！

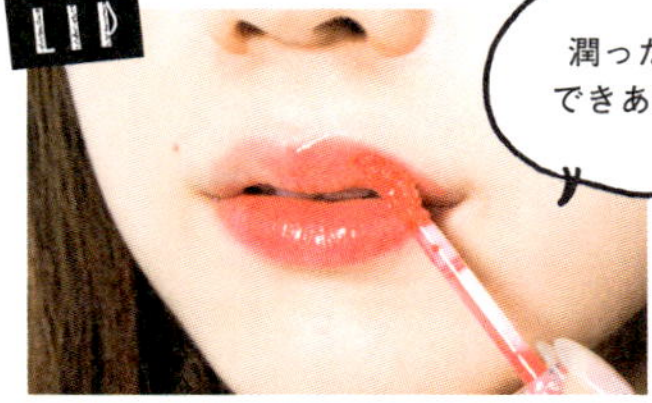

① グロス（Ⓚ）は下唇→上唇にたっぷりつけて、上下を合わせてなじませる。

② ティントリップ（Ⓠ）は色が強いので、下唇内側の真ん中にサッとひと塗り。

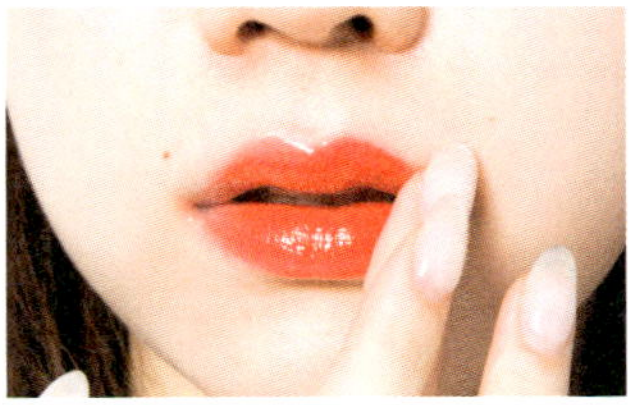

③ 上唇にもつくように唇を合わせてなじませ、指を使って唇の輪郭ぼかす。

CHEEK

チーク（Ⓝ）を頬骨の上2ヶ所に点置きしたら、指で叩きながらぼかす。

EYE

① 極薄のアイライナー（Ⓔ）で目の下に線を引いて涙袋を強調させる。

② 下目尻側3分の1に濃いブラウンアイシャドウ（Ⓞ右下）をチップで塗る。

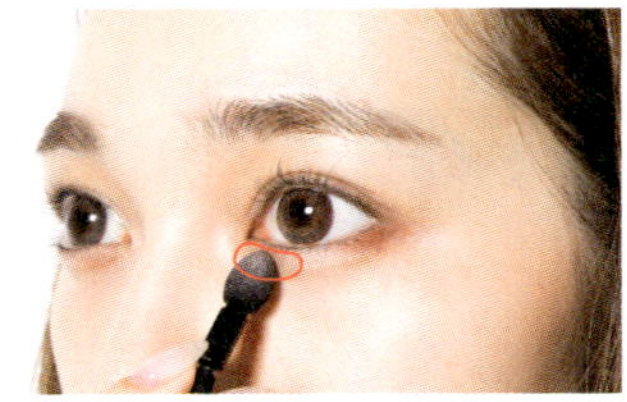

③ 下目頭側3分の2に明るいベージュシャドウ（Ⓞ左上）をチップで塗る。

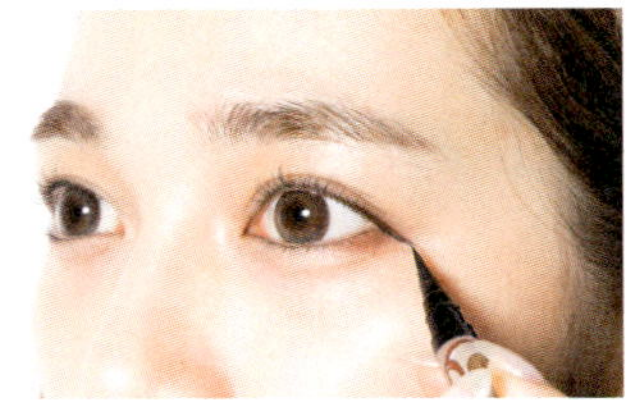

④ アイライン（Ⓓ）は上目尻3分の1程、目の形に沿ってハネ上げずに描く。

⑤ マスカラ（Ⓡ）をたっぷりと4回くらい重ねづけ。上下ともにつける。

Sweet Feminine フェイスの作り方

ピンクカラーをベースにしたちょい甘メイクに！　チークとシャドウを同じものにして、色味の統一感を出してみて。
ちょいハネ上げアイラインとブラウンシャドウで引き締めれば完成！

LIP

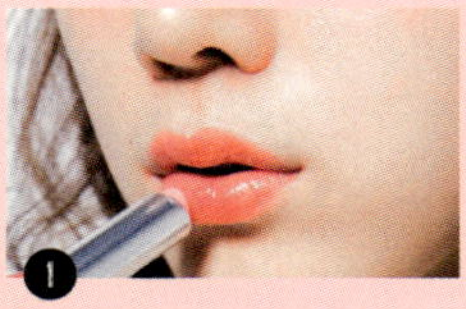

Ⓙのディオール アディクト リップグロウ 001 ピンク／Diorを唇全体に塗る。ほんのり色づくタイプなので下地として使用。

ラメ入りピンクカラーのⓀのリップティント コズミックピンク11／OPERAを唇全体にまんべんなく塗ってなじませる。

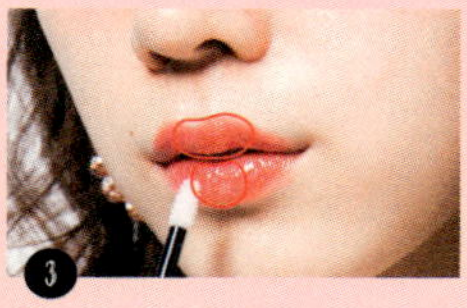

Ⓛのパール入りのペールピンクのリップグロス ピュア018／ADDICTIONは唇の中央だけにのせ、甘めリップに仕上げて。

EYE

Ⓒのエスディービーピュアフリーアイライナー BK NSK2／ANGFAで、上まぶたのインラインを引いたら、目尻は少しだけハネ上げてみて。

ビューラーでまつげをカールした後、ⒹのSDBピュアフリーマスカラ NSK2 ブラック／ANGFAを根元からたっぷりとつける。

アイシャドウにはⒺのチークポップ 13ローズィーポップ／CLINIQUEを使用。二重幅にたっぷり塗り、グラデーションに。

下まぶたの両サイドを残した真ん中部分に、ピンクラメのⒻのディア マイエナメル アイトークPK001／ETUDE HOUSEを塗る。

下まぶたの目尻5分の1にⒼのカラフルスカイアイズ 03 Pink Orange／LUNASOLのダークブラウン（右下）を入れて引き締める。

下まぶたの目頭5分の1にⒼのカラフルスカイアイズ 03 Pink Orange／LUNASOLのライトベージュシャドウ（左下）をのせる。

EYEBROW

Ⓐのアイブロウマスカラ 01／to/oneを、黒く濃い毛の部分を隠すように塗る。気になるところだけで全体に塗らなくてOK。

Ⓑのパウダーアイブロウ15／CANMAKEのライトブラウン（左）を眉全体にのせる。明るい色でふわっとした印象に。

ROMANTIC ♥♥

CHEEK

ベリーピンクカラーのⒾのリップチーク モデスト／rms beautyを目の下に指でのせる。練りチークを仕込むことで色持ちアップ！

アイシャドウとして使ったⒺのチークポップ 13ローズィーポップ／CLINIQUEを、練りチークの上からだ円形にふんわり重ねていく。

ハイライトで
ツヤっぽさ
演出♪

HIGHLIGHT

Ⓗのシマリング グロー デュオ 02／THREEのハイライト（右）を頬骨、目の下、唇の上、アゴにのせ、人さし指と中指でなじませる。

Sweet Feminine

SNIDELのトップス（私物）、
イヤリング¥3,200／リキュエム

HOW TO MAKE

立体的な
眉作りも
ポイント！

A

B

C

D

ドリーミーなピンクでまとめる

E

F

G

H

I

J

K

L

HOW TO MAKE

Handsome Beauty

アースカラーでこなれ感を演出

WEGOのジャケット、WEGOのトップス（ともに私物）、イヤリング￥4,200／リキュエム

Handsome Beauty フェイスの作り方

アースカラーをベースにした、"THE おしゃれ顔"に。あえてブラックは使わずに、
ツヤのあるカラーシャドウやアイライナーを使っているから、気張りすぎてなくていい感じ。

CHEEK

同系色にすれば
メイクが
まとまる！

Ⓖのカムフィー ブラッシュ 04 ／ Celvokeの赤めブラウン（左）を使って、頬骨の上から少し斜め上に向かって入れていく。

EYE

1
くすみイエローのⒹのインフィニトリー カラー 07 ／ Celvoke を、指でアイホール全体に広めに塗っていく。

2
カーキカラーのⒺのシュアネス アイライナーペンシル 06 ／ Celvokeは、目の形に沿ったまま引き、目尻1cm はみ出るように。

3
下まぶたは、上まぶたと同じⒹのシャドウをON。最後にポンっと目尻横にシャドウを置くと陰影を出すことができるのでおすすめ。

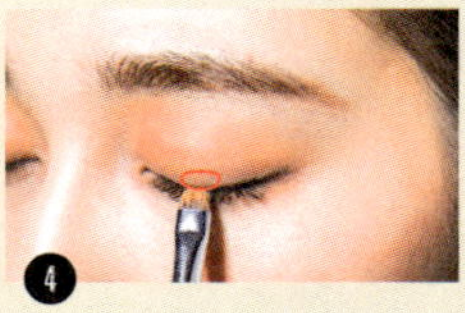

4
黒目の上のキワだけに赤こげ茶カラーのⒻのインフィニトリー カラー 03 ／ Celvokeを平ブラシで細めに入れていく。

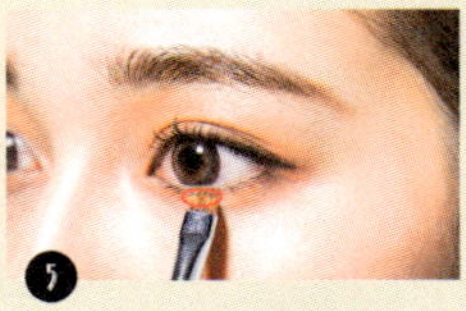

5
黒目の下のキワに同じⒻのアイシャドウを入れる。引き締めカラーで黒目が強調されて、キリッとした印象に仕上がる。

EYEBROW

1
無色透明のⒶのアイブロウ マニキュア 00 ／ ADDICTIONで毛並みに逆らって下から上へと眉毛をブラッシングして。

2
Ⓐで眉毛1本1本をコーティングするように、毛並みを少し整える。無色の眉マスカラは、好みの毛並みに調節できるので◎。

3
ダークブラウンカラーのⒷのインディケイト アイブロウリキッド 02 ／ Celvokeで毛を1本1本描くように埋め、立体的に見せる。

4
Ⓒのディオール バックステージ ブロウパレット 002 ダーク／Diorの髪よりも暗いダークブラウンカラー（左）で眉色を整える。

LIP

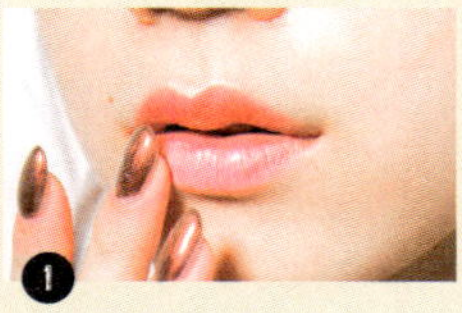

1
指を使ってⒽのクリエイティブ コンシーラー EX ／ IPSAをのせて唇の色を消していく。これで、口紅の色がより際立つように。

2
Ⓘのシェードカラースティック 01 ／ COFFRET D'OR（Ⓘの口紅側）のヌーディーなリップを使って、まず唇の輪郭をとっていく。

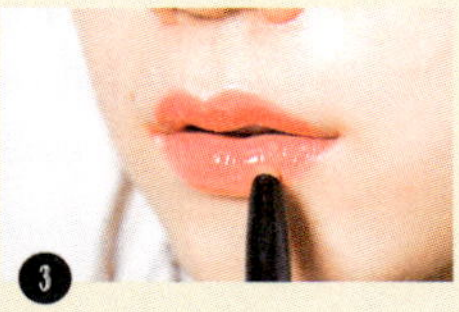

3
輪郭をとったらその内側を同じヌーディーなリップで丁寧に塗りつぶしていく。この作業をすることで、立体感が生まれる。

4
Ⓘの反対側のグロス側（ライトカラー）を、リップ全体にのせる。端までしっかりつけずに中央にラフに塗るのがポイント。

オイルでツヤ感UP！ブラウンが入ったダークな赤でオンナ度アガる♪　オイルティントリップ ダークレッド／CandyDoll

ちょっとオレンジっぽいアプリコットレッドが好き。ルージュ ヴォリュプテ シャイン No.12 ／YVES SAINT LAURENT

大好きなダークレッド。リキッドなのに塗るとマットな仕上がりに。ルージュ アリュール インク 154 エクスペリモンテ／CHANEL

ピンクレッドでキュートさを演出♪

タトゥーみたいに色が唇にピタッと吸着する感じ！　セミマットな質感がお気に入り。ディオール アディクト リップ ティント 661 ナチュラル レッド／Dior

仕上げのリップは気分でチェンジ!

抜リップ 12 本を大公開します！　SNIDELのトップス、LOWRYS FARMのチョーカー（ともに私物）

かわいすぎてパケ買い！ ツヤツヤに仕上がるピーチピンクカラー。フォーエヴァージューシー オイルルージュ 02 ／ JILL STUART

ラメラメピンクで女子力急上昇♥♥
ニュアンスづけだってこれにおまかせ！

ピンクがかった鮮やかな赤色。みずみずしくサラッと軽いつけ心地がいい！ エクスタシー ラッカー 505 ／ GIORGIO ARMANI

キラキラのラメグロスにきゅん！ pHで淡いピンク色に変化するよ。重ねづけもおすすめ。グロス・アンテルディ 03 ／ GIVENCHY

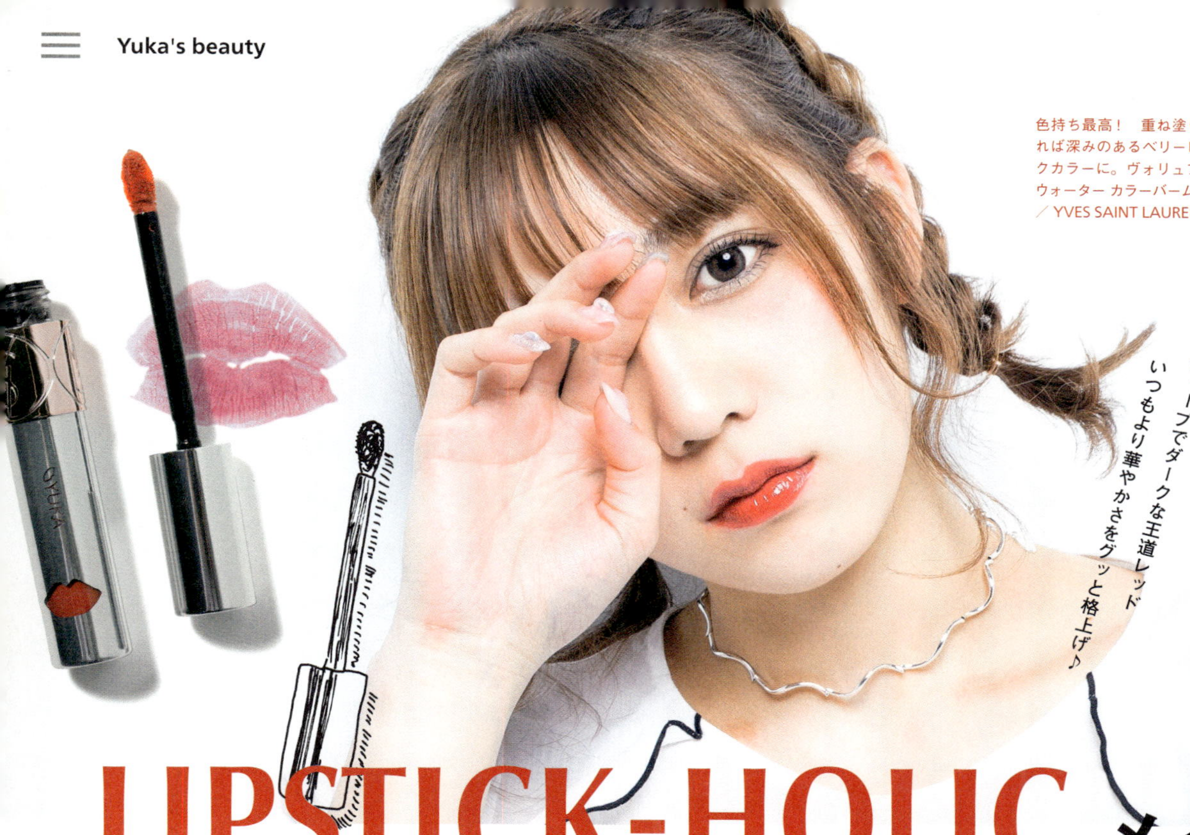

色持ち最高！　重ね塗りすれば深みのあるベリーピンクカラーに。ヴォリュプテ ウォーター カラーバーム 11 ／ YVES SAINT LAURENT

ディープでダークな王道レッド
いつもより華やかさをグッと格上げ♪

LIPSTICK-HOLIC メイク

ふるかわメイクに欠かせないのがリップ！　赤、ピンク、オレンジ…その日の気分やファッションに合わせて使い分け♪ リップコレクションの中からお気に入り

スルスルなめらかになじむオレンジカラー

透け感あるオレンジでナチュラルリップの完成！　ロング ラスト グロスウェア デュアルエンド TWO TO TANGO 32 ／ CLINIQUE

ぷるぷるの唇になる！　ほんのりピンクの血色感を出してくれるニュアンスカラーがお気に入り。リップジェリーグロス 13 ／ RMK

ほぼカラーレスだけど細かいラメがキュート。重ね塗りにも◎。ディアダーリン ウォータージェルティント PK006 ／ ETUDE HOUSE

シアーな質感なのに発色は長持ち！　アプリコットカラーでおしゃれでヘルシーな印象になるの。リップティント 03 ／ OPERA

“モチプル”肌に欠かせないリッチなスキンケア

SKINCARE

スキンケアは、その日の肌の調子に合わせてアイテムを使い分けるのがゆうか流。
大好きな韓国のブランドだって外せません！

IPSA
バリアセラム

IPSA
ザ・タイム R アクア

Dr.Jart+
シカペア クリーム

IPSA
ME エクストラ 4

Dr.Jart+
シカペア
フェイシャル
カーミングミスト

Dr.Jart+
シカペア セラム

Dr.Jart+
セラマイディン
リキッドトナー

韓国旅行のたびに、行ってしまうのが「Dr.Jart+（ドクタージャルト）」。皮膚科医とか皮膚の専門家たちが作っているらしくて、とにかく肌に優しいブランド！　このおしゃれなパッケージにも惹かれて、いつも買ってしまう。「IPSA（イプサ）」は、デパコスの中で自分の肌に合ってるから好きでいつも使ってる。朝のコットンパックは欠かさない！

HAIRCARE

ヘアケアはイイ匂いのシャンプーをコレクト！

髪は女の命！　シャンプーコレクター・ゆうかが愛用する、
ツヤツヤでイイ香りのヘアになれるとっておきアイテムを紹介します。

頻繁にカラーしたりアイロンを使うから、髪のダメージが本当にやばくて。だから良いシャンプーを常にストックしてます。今は、サロンで買ったダメージヘア用の「Ristico（リスティコ）」と、匂いがめっちゃ好きな「&honey（アンドハニー）」を使用中。アイロン後はjemile fran（ジェミールフラン）のトリートメントを愛用してる！

&honey
ディープモイスト
シャンプー
ワイルドローズハニー

&honey
ディープモイスト
ヘアトリートメント
ワイルドローズハニー

jemile fran
メルティバター バーム

Ristico
リペアシャンプー

Ristico
リペアトリートメント

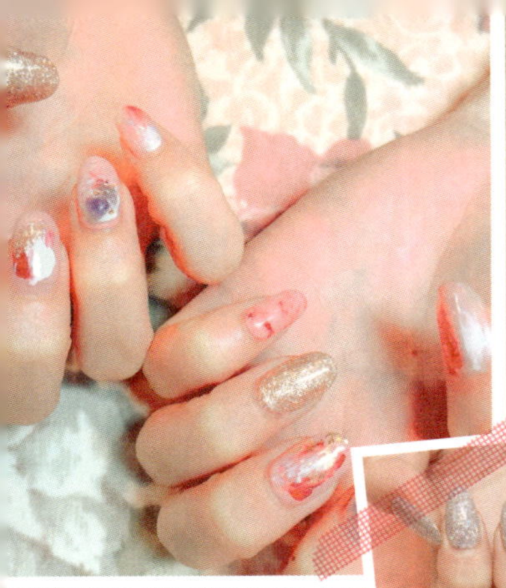

絵の具っぽいアートネイルが大人な雰囲気。

ブラック１色で存在感ある攻めのネイルに。

ツヤラメなネイルにロックテイストをプラス！

スタッズ風ミニラインストーンでクールに。

一気に指先輝くギラギラグリッターネイル。

王道シンプルにホワイトグラデ&ラメ！

ネイルは基本、ネイリストにお任せ！

NAIL COLLECTION

ハデハデネイルからニュアンスネイルまで、いつも指先がかわいくなくちゃ生きていけない！

インパクト大なオーロラメタリックカラー☆

フットネイルも抜かりなくハデにチェンジ！

透け感のある大理石風ネイルがおしゃれ。

プクッと浮き出す表情豊かな顔がキュート♥

ツヤ赤ネイルは白いハートをポイントに。

ゴールドアクセントのニュアンスネイル。

小花をたくさん使ったゆるふわヘアアレ♥

透け感のあるナチュラルピンクカラー。

トレンドの外ハネヘアでこなれ感を出す♪

毛先にかけてアッシュカラーのグラデに。

外ハネワンカールは暗めアッシュカラーが◎。

カラーもアレンジも気分でチェンジ!

HAIR STYLE

定期的にヘアメンテ♪ 大事なお仕事や行事前には美容室でヘアアレがマスト!

トリートメントでサラツヤストレートの完成。

きちっとまとめれば浴衣ヘアのできあがり♪

お団子は強めカールと後れ毛がポイント!

肩までのボブはランダム巻きでガーリーに。

ファッションに合わせてヘアもチェンジ☆

ハイライトを入れた立体感あるブラウンヘア。

スペシャルメンテナンスは目的別サロンで

FAVORITE SALON

大事な撮影前、体の不調を感じた時、気分転換したい時…ゆうかは気になることがあるとすぐにサロンに駆け込む派！
そんな私が行きつけのおすすめサロンを一気に紹介します♥

エクステ+トリートメントのWオーダーが◎

Lapis Terrace

東京都渋谷区道玄坂
1-3-11 一番ビル 5F
☎ 03-3461-6770
salon-lapis.com

エクステの毛量をがっつりつけたい時、ハイトーンな派手髪にしたい時に行くのがこのヘアサロン。ツヤ髪になる大好きなラピスのトリートメントと一緒にオーダーします。完全予約制で、いつもは仲島安寿さんが担当です。

髪なじみ抜群の「ロアエクステ」がスゴイ！

ANKH CROSS
表参道店

東京都渋谷区神宮前6-5-6
サンボウ綜合ビル 504
☎ 03-5774-5055
www.ankhcross.com

最高級人毛を使ったアンク・クロスオリジナルの「ロアエクステ」がおすすめ！　触り心地も見た目もサラツヤで、地毛ともよくなじむからお気に入り。絡まったりしにくいから手入れも簡単です。担当は、本間寛人さん。

効果絶大！ な美髪トリートメント

フリーランス美容師 亀谷 将史

シェアサロン
GO TODAY SHAiRE SALON Stella

東京都渋谷区神宮前 1-14-34 FPG links
HARAJUKU 4F
www.instagram.com/kame3hair

全席半個室のシェアサロンが拠点。髪の状態に合わせてオリジナルのトリートメントを処方してくれるから月1行くだけで髪がきれいになっていきます！

ハイクオリティな“抜け感カラー”

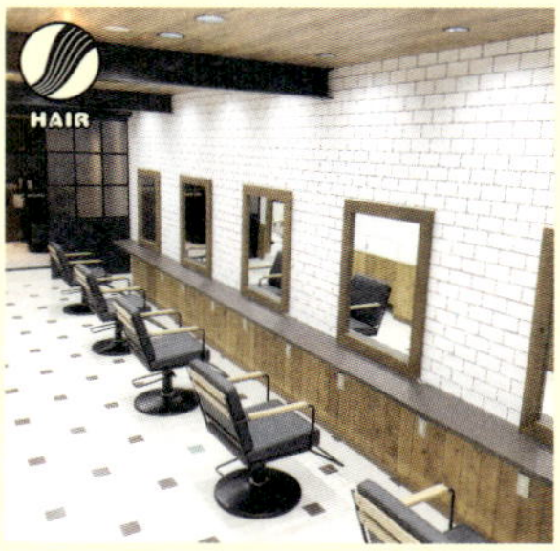

blink

東京都渋谷区渋谷 2-7-9 n-aoyama2F
☎ 03-6427-6966

今担当してくれている兼井遼さんのヘアカラーをたまたまSNSで見つけて、ずっと気になっていたのが行き始めたきっかけ。男性なのに女性好みの透明感あるカラーにしてくれるから驚き！　基本はお任せです。

女子力アガるかわいいヘアセット

ROVER

東京都渋谷区神宮前 3-20-21
ベルウッド原宿ビル B1
☎ 03-6447-2248

マネージャーに紹介してもらってからもう４年以上通っています。カラーとヘアセットを一緒にやってもらうことが多いねんけど、担当のやしまひとみさんのヘアセットは女の子らしくて本当にいつもかわいい！

気分アガる！　キラキラ派手ネイル★

Raviy 新宿店

東京都新宿区歌舞伎町 1-2-3
レオ新宿 502
☎ 03-6380-3838

派手ネイルにしたい時に行くのがココ！　グリッターとかホログラムとかキャラクターとか、テンションが上がるネイルに仕上げてくれます。フォトジェニックな店内も好き！　担当は中澤聖奈さん。

骨の歪みをキレイに正して体すっきり！

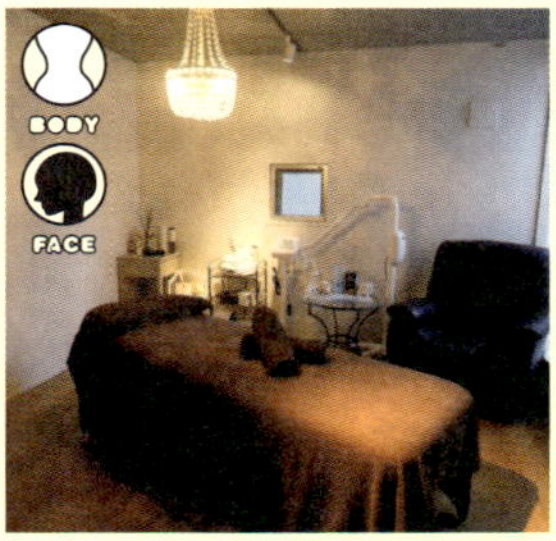

Bellega
会員制美容サロン

東京都港区赤坂 6-19-45
bellega.jp

小顔矯正や体の矯正をメインに行うプライベートサロン。私は骨が歪みやすいから、2週間に 1 度くらいのペースで歪みを直してもらいます。自分にあったセルフケアを教えてくれるのも嬉しい。

色も形も常に理想の美眉をキープ！

liberte

東京都新宿区歌舞伎町1-2-3
レオ新宿ビル 602
☎ 03-6228-0180

月1回通っているアイブロウサロン。眉毛を描くのも剃るのも苦手だから、眉毛ケアは全てココです。ワックスで形を整えて、髪色に合わせたカラーリングをしてもらっています。担当はlily さん。

“ 韓方薬 ” で痩せやすい体作り！

南青山 HAAB
ビューティークリニック

東京都港区南青山 2-22-19
三和青山ビル 11F
☎ 03-5412-0125
clinic.haab.co.jp

知人に紹介してもらったクリニックで、ダイエットのために錠剤タイプの韓方薬の処方をしてもらってます。お尻の筋肉とか脚をマシンでリフトアップしてもらうことも。

まつげもネイルもどちらもお任せ♪

恵比寿ネイル&マツエクサロン
NAILMM&EYELASH

東京都渋谷区恵比寿西1-17-10
ヒロ代官山 1F
☎ 03-6455-0966
http://www.nailmm.com/

毎月まつげパーマに通っていて、担当はmomoさん。たまにニュアンスネイルがしたい気分の時にはPUCCAさんに担当してもらいます。センスが良いから基本はお任せ。

効果絶大！ 小顔矯正でむくみゼロに

ELENA　美容整体・
小顔矯正サロン 表参道店

東京都渋谷区神宮前 4-14-6 表参道ハイツ 203
☎ 070-1267-0104
elena-salon.com

大事な撮影前やむくみが気になる時には必ずココの小顔矯正！　ハンドでゴリゴリッと顔のむくみを流してもらうから、効果がスゴすぎてずっと通い続けています。

感動のハンドエステでくびれをゲット！

パーソナル痩身専門店
beauty styling 恵比寿店

東京都渋谷区恵比寿西 1-1-3
第一ビル6F
☎ 03-6712-7708
beautystyling.net

19 歳から通ってる痩身エステサロン。担当してくれる松本典子さんのハンドトリートメントは本当に効く！　特にウエストは毎回すごいくびれができるのでやめられません。

ゆうかおすすめの
サロンに
みんなもぜひ
行ってみて！

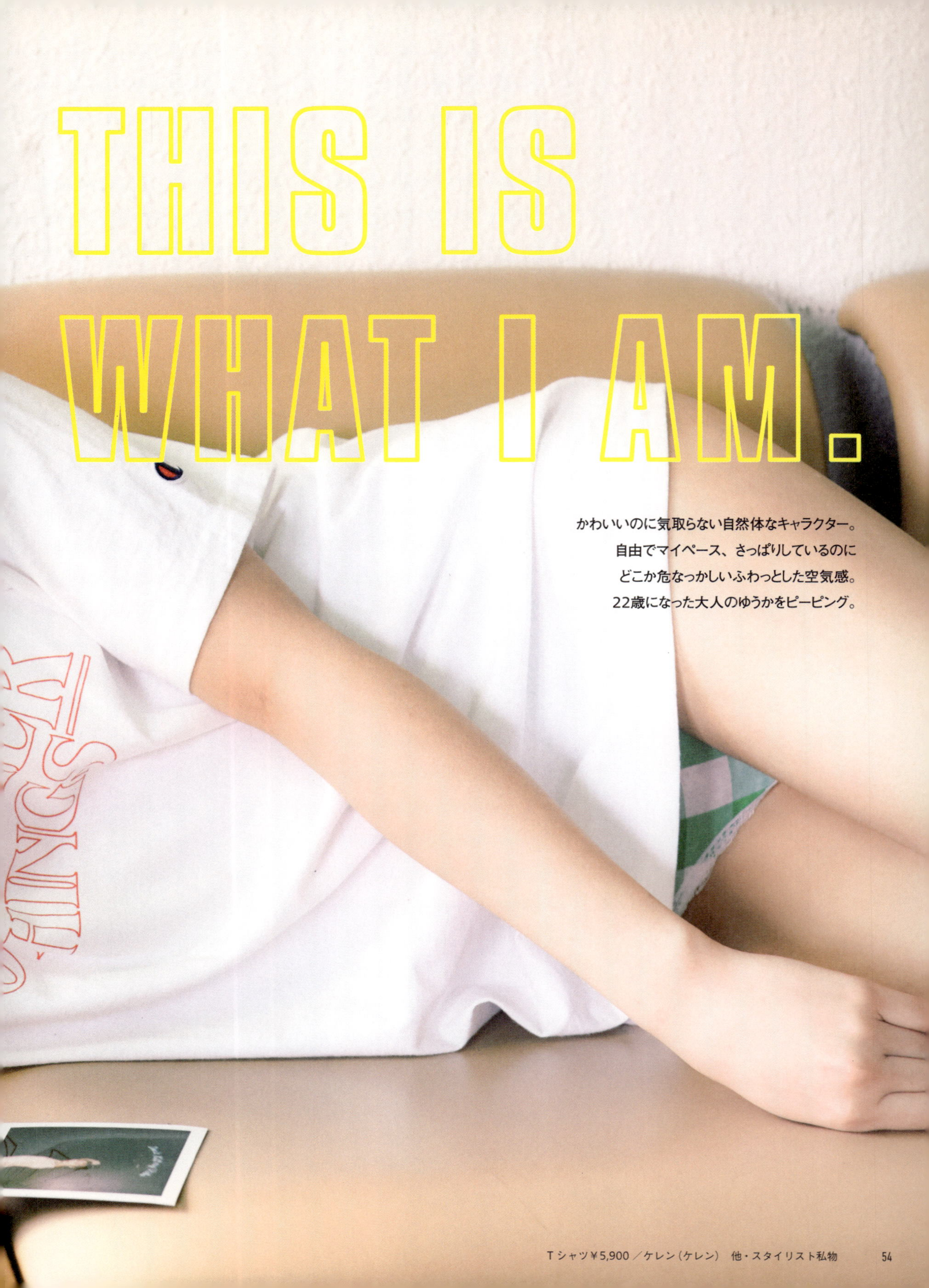

THIS IS WHAT I AM.

かわいいのに気取らない自然体なキャラクター。
自由でマイペース、さっぱりしているのに
どこか危なっかしいふわっとした空気感。
22歳になった大人のゆうかをピーピング。

Tシャツ¥5,900／ケレン（ケレン）　他・スタイリスト私物

“とにかく食べるのが好き。おいしいもの食べてたら、全部忘れる（笑）”

衣装全て・スタイリスト私物

“ちょっとだけ大人になって人見知りがなくなった。
度胸もついたのかな”

衣装全て・スタイリスト私物

“悩んだりはあんまりしない。自分が面白いと思うことをずっとやってたい”

JUST BE MYSELF

衣装全て・スタイリスト私物

TRAVEL HONG KONG

暇さえできればノリですぐ旅に出るゆうか。一番よく旅行に行く友達はそわんわん。おいしいごはん食べて、お買い物して、写真映えするものももちろん逃さない！

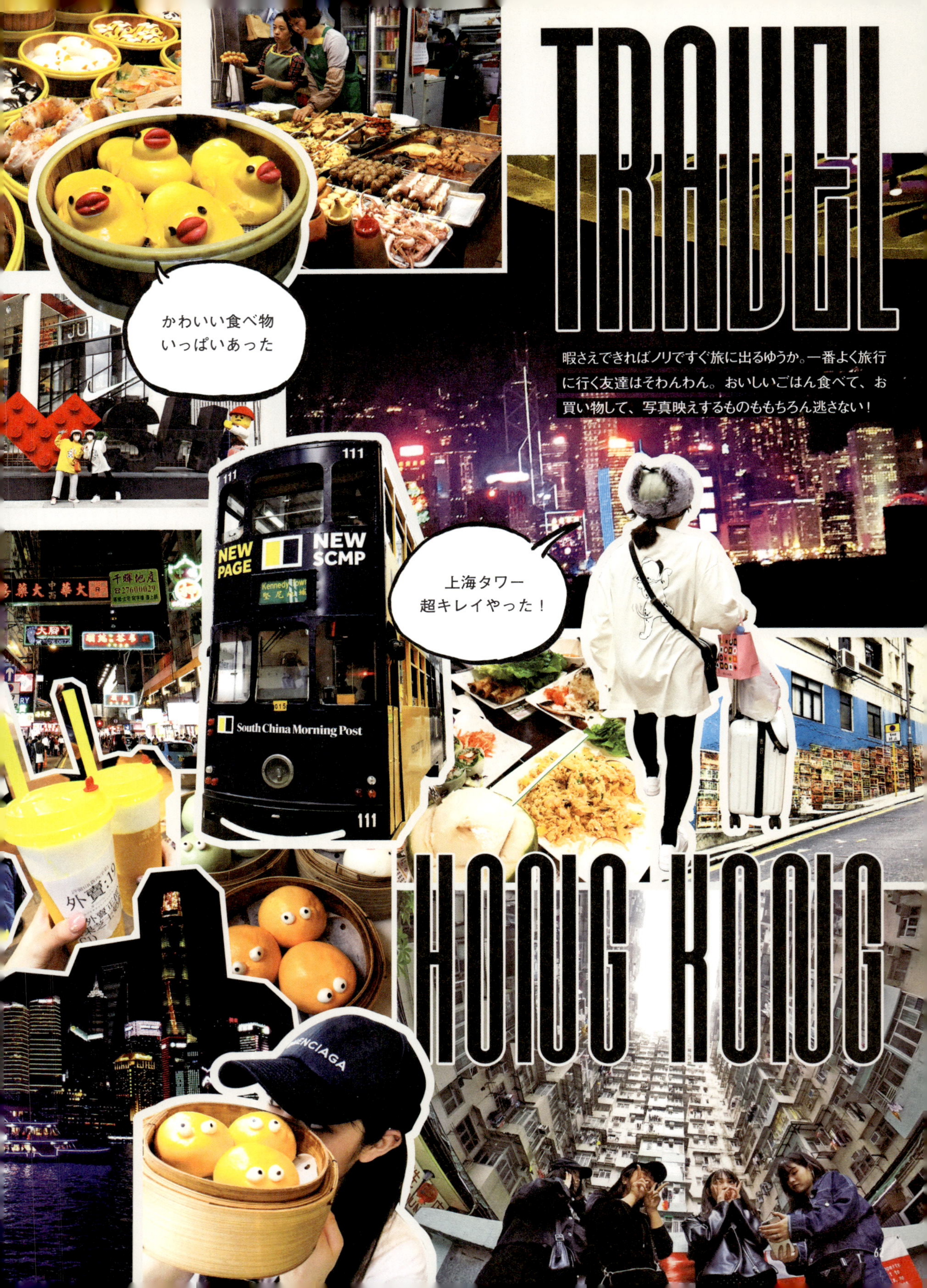

SHANGHAI
仲良くなった
案内所の
おじさんと！笑
カフェオレが
キラキラしてて
かわいかった！
宏伊国际广场
FOREVER 21
FOREVER 21
外滩
田子坊《でんしぼう》に行った！
上海の原宿
みたいなとこ
巴西烤肉
BBQ 8F
YOSHINOYA

シンサ／新沙

のんびり休憩できる 隠れ家的おしゃカフェ♪

ここは、インスタ映えっていうよりかは、超シンプルでおしゃれなカフェ。静かだし、そんなに混んでいないので、よくここでお茶しながらまったりします。マストで頼むのはケーキとドリンク。特にふわふわの紅茶のケーキがおいしくてお気に入りです。

Coffee arco
コーヒー アルコ

シンサ／新沙

かわいいモノいっぱい！ 駅チカショッピング

地下に洋服屋さんがあったり、コスメショップがあったり、駅なのに意外とお買い物ができるのでいつも絶対に行きます。カカオフレンズのお店とか、かわいいお店も多い穴場です。この日は韓国ウェブマンガの「ユミの細胞たち」のポップアップショップをやってました！

新沙駅

韓国のキャラは
ほんまに
かわいい

ぎてツライ

한국
사랑해

年に１回以上は必ず訪れるお気に入りの場所、韓国。そんな韓国通のゆうかだからこそ知る買い物スポットやおいしい物をどどーんと紹介。SNS 映えなお店もチェックして！

カロスキル／街路樹通り

日本でも話題の 大きいティラミスにアガる♪

ティラミスが有名なカフェ。クラシックとグリーンティーの２種類あるんだけど、めっちゃ大きくて食べごたえあるので友達とシェアするのがおすすめです。残したらテイクアウトもできるらしい。真っ白でおしゃれな店内もいいけど、ゆうかは２階のテラス席が好き。

cafe : mula
カフェミュラ

cafe : mula
超大きい
ティラミスは
絶対食べるべき！

カラフルな
ドリンクが
かわいい♥

シンサ／新沙

女子心わし掴み♥ バラに囲まれたイタリアン

バラがテーマのおしゃれなイタリアンレストラン。料理とか店内の装飾にもバラが使われていて、女子力アガります。私はパスタがあんまり好きじゃないから、とにかくお肉料理を食べていました（笑）。ステーキとかローストビーフ丼とか。めっちゃおいしかったー！

AWESOME ROSE
オウサム ローズ

멋스럽다

ホンデ／弘大

SNS 映え確実！かわいすぎる石鹸にキュン♥

弘大（ホンデ）で買い物してる時に見つけた石鹸屋さん。店内全てがほんまにインスタ映え!! カラフルな石鹸とか、ベルトコンベアで動くディスプレイとか、ラッピングまでめちゃめちゃかわいかったです。実際にその場で使って手を洗うこともできるみたい♪

Day After Day
デイ アフターデイ

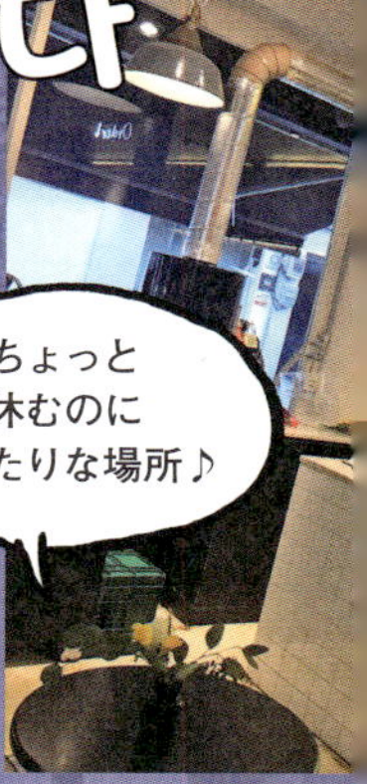

韓国が好きす

맛있어. 냠냠

シンサ／新沙

これ食べなきゃ始まんない！ゆうかのベストオブフード

韓国に行ったら必ず行くカンジャンケジャンの専門店。初めて食べた時はおいしすぎて感動で涙出た！絶対に頼むのは名物のカンジャンケジャンとケアル（カニみそ）ビビンバ。カニみそと漬け込んだ醤油ベースのタレがめっちゃ濃厚でおいしいんです!!

プロカンジャンケジャン 新沙本店

シンチョン／新村

甘・辛・旨なホルモン焼きのシメはごはんでキマり！

牛ホルモンの専門店。コプチャンもおいしいけど、シメのごはんがほんまにおいしかった！ちょっと辛いけど。あと、つきだしで生センマイと生レバーが出てくるらしいんだけど、私が行った時は時間が遅くて出てこなかったから、狙うなら早めに行った方がいいかも。

新村ファンソコプチャンクイ

トンデムン／東大門

お肉も野菜もたっぷり！本場のプルコギで体ぽかぽか

韓国ではプルコギって言うと、焼くんじゃなくて牛肉とか野菜を煮込んだ料理らしくて、ちょっと汁の少ないお鍋みたいな感じです。私は辛いのあんま得意じゃないから、これは辛くなくて好き！　ボリュームもすごいからみんなでワイワイ食べるのにいいと思う！

トッケビプルコギ

シンサ／新沙

濃厚で食べ応えあり！ チーズケーキ好きにはたまらん♥

チーズケーキが27種類あることからお店の名前がつけられたらしいんだけど、私はオレオのチーズケーキを食べました。結構大きめで濃厚だけど、甘すぎないからペロッといける！　店内にはかわいい観覧車のディスプレイとかもあってSNS映えもします。

C27
シートゥエンティセブン

いっぱいあるから迷っちゃう♪

イテウォン／梨泰院

カラフルかわいい!! オープンサンドイッチ★

ココもSNSで話題のダイニングカフェ！トマト、アボカド、バナナ、季節のフルーツの4種類のオープンサンドイッチは見た目もかわいくて人気みたいです。食事系とスイーツ系の2パターンが食べられるところも◎。開放的なテラス席に座るのがおすすめです。

SUNDANCE PLACE
サンダンス プレイス

ネオンのディスプレイが映える！

ハンナムドン／漢南洞

料理の前に出てくる激ウマフォカッチャ！！

ローマ地方の長方形のピザが食べられるイタリアン。カプレーゼとかピザもおいしかったけど、一番感動したのは最初に出てきたフォカッチャ。オリーブオイルにつけて食べるんです。私がパスタ好きじゃないのもあるけど、これは本当にめちゃめちゃおいしかった。

PASTA FRESCA
パスタ フレスカ

귀엽다

まさかの自販機みたいなお店のドア！

マンウォンドン／望遠洞

ピンク！ ピンク！ ピンク！ 映える自販機カフェ♪

韓国語で「自販機」の意味を持つ「ZAPANGI」。かわいいピンクの自動販売機が入り口のドアになっているんです。インスタで結構話題になっていて、世界中から写真を撮るために集まってくるらしい。スイーツとかカップもピンクで、つい写真撮りたくなる！

ZAPANGI
チャパンギ

ミョンドン／明洞

とろーりチーズがたっぷり！ 本場のダッカルビを満喫

ダッカルビの専門店です。頼んだのはチーズダッカルビ。野菜と鶏肉を炒めてその上からごはんを入れて混ぜてそれにチーズつけて食べるんです。日本ではごはん入れたことなかったから新鮮でした。激辛とかじゃなかったから辛いのが苦手な人でも大丈夫なはず！

ユガネ 明洞駅店

トロトロのチーズがたまらんわ！

プサン／釜山市

リゾートっぽさを満喫♪ 海街をのんびり散歩

ここは観光地で、日本で言う大阪みたいな感じらしい。カラフルな街並みもそうだし、海が近くてすごい景色がきれいな場所です。買い物というよりかは、ゆっくり韓国を旅したい時におすすめ。ここで友達と一緒にチマチョゴリを着て散策したのもいい思い出です。

釜山

のんびりお散歩できる観光地♪

見た目も

オシャレな
チョコスイーツ♪

カロスキル／街路樹通り

アートギャラリー付きのハイセンスカフェ♪

床のタイルからミントグリーンの壁まで全部がおしゃれ！　アート作品の展示とか販売もしているらしい。ココで頼んだのはティラミスみたいな味のチョコリッチジュラテ。ちょっと苦め。パイにチョコがかかったショコラパルミイェはめっちゃおいしかった！

hi hey hello !
ハイヘイハロー

アックジョン／押鴎亭

K-POP好きならGO！フルーツドリンクが充実

『2AM』のチャンミンが運営するカフェ。フルーツを使ったラテとかエードとかティーがたくさんあって、この時はラズベリーティーを注文しました。芸能人もたくさん行っているらしくて、サインとかもいっぱいあるからK-POPファンなら行くべきかも！

THE MIN'S
ドミンス

ホンデ／弘大

味変を楽しみながらユッケ＆お刺身ざんまい！

ちょっとめずらしい、ユッケとサーモンのお店。ココではユッケと馬肉とサーモンのセットを注文。盛り付けもおしゃれだったし、卵とかワサビとかいろんなつけダレがあって、いろいろ試せて面白かったです。日本ではあんまり生肉食べられないから韓国行ったらぜひ！

ユッケモグンヨノ 弘大店

하나, 둘, 셋 찰칵

ADERの
ロゴの前で
パシャリ★

ホンデ／弘大

ポップでかわいい☆お気に入りの韓国ブランド

韓国発のデザイナーズブランド。ちょっと他の洋服屋さんより値段が高いけど、デザインとか形がかわいくて、韓国に行くたびに見に行きます。ココで買ったパンツと靴下はお気に入りでよくはいてます♪　店内のインテリアとか外のディスプレイもかわいいです。

ADER error
アーダーエラー

For you & me
And for all of us
店内には
キュートな
ピンクネオン♥

アックジョン／押鴎亭

ちょっとリッチなカフェで優雅にティータイム♪

1階がカフェ、2階が洋服屋さん、ルーフトップはラウンジになっているみたい。ゆうかが行ったのはカフェ。ちょい大人で高級感ある店内で食べたのは、マカロンの形のシフォンケーキ。ドリンクもカラフルでかわいかった！　芸能人も多く通ってるらしいです。

TRYST
トリスト

みんなも
韓国旅行の時に
行ってみてな～

キョンボックン／景福宮

ゆうか史上最強なサムギョプサルが味わえる！

サムギョプサルの専門店。とにかく他のお店とは比べもんにならんくらい超ボリューミーでほんまにおいしいサムギョプサルやった！　なぜか脂っこくなくて、サムギョプサルしかないのにずっと食べ続けられる感じでした。お店はアットホームで居心地もよかったです。

エウォルシクタン

최고였어

1万字 Special Interview

1.2.3さんこいちです！

～3人の5年間の絆とこれから～

2018年、瞬く間に登録者数100万人を突破したユーチューバーユニット「さんこいち」。この仲間をなくして古川優香は語れない、ということで3人のロングインタビューを敢行。超貴重な本音を交えたスペシャルトークです！

――まずは三人の出会いから教えてください。

古川優香（以下、優香）：私が高校2年生の時。最初はツイッターかな。ツイッターでフォローし合ってて存在は知ってたんです、お互いに。

ほりえりく（以下、りっくん）：古川と僕、やっぴと僕は二人ずつで遊ぶ友達だったんです。三人揃っての接点は、最初はなくて。

――最初に三人で会ったのはいつですか？

やっぴ：16歳の時です。6年前かな。2012年10月31日。

優香：ハロウィンの時でした。三人でごはん行こう！　ってなって。千円均一の焼肉に行きました。

やっぴ：古川と僕は会ったことなかったんですよ。ちょうどSNSとかツイッターで交流を持つことが流行り始めた時期で、会ってみたいなってお互い思い始めてて。じゃあ三人で遊ぼうよってなったと思う。りっくんがセッティングしてくれて。

――その頃三人はそれぞれどんなことをしていたんですか？

りっくん：専門学生でした。

優香：私とやっぴは高校生。ほんまに普通の高校生でした。

優香：まだみんなツイッターのフォロワーもそんなにいなくて。

やっぴ：700人とか？

りっくん：その頃は100人いれば普通くらいな感じで、1000人いったらすげぇ！　みたいなスタンスでした。

――三人のそれぞれの印象ってどういう感じでした？

優香：やっぴは自撮りを載せてたりする子だったんで、写真は見てたから「うわあ、やっぴやー」みたいな感じでした。あと、こんなメイクする（男の）子を今までに見たことなかったから、新種に会った感じ。りっくんは…いつ会ったか覚えてない（笑）。でも初めて会った時も、初対面感がなかったんで、全然印象にない。

りっくん：二人とも当時はかわいかったです。

一同：笑

りっくん：やっぴも、もともとブログとか見てたんで、「あ、やっぴだ、すげー」みたいな。デコログとかで有名で、高校生の憧れの的みたいな感じだったんですよ。古川は、こっちが一方的に見てて「あ、古川だー」って思って声かけたんですよ。

優香：えー、そういうのあったんや（笑）。

りっくん：ツイッターで写真見てて、こんなかわいい子おるんやーって感じだった。でも最初は一致しなかったんですよ。「鼻くそ」って名前でツイッターやってたから、まさかこのかわいい子が古川だと思わなかった。お店で普通にかわいいなって思ってた人が古川だったんですよ。

“「好き」とか「嫌い」とかいう感情はないかもしれへん。なんやろ、家族みたいな感じなのかな。（優香）”

優香：あれが、鼻くそか。みたいな？

りっくん：あとから一致。あー、同じ顔だ！　みたいな。当時も結構写真盛ってた？　めっちゃアップが多かったから、あんま引きで見たことなかった。

優香：詐欺ってた（笑）。

やっぴ：三人がよく遊んでたのは、大阪のアメリカ村だったんですけど、街ではすぐ情報が回るんですよ。りっくんが広島から来た時も、「かわいい男の子が来るよ」って情報が入ってて。古川も、こういう女の子が出てきたよっていうのが、すぐ回る感じの世界で。で、街で会ったりするわけですよ。マクドナルドで会って、あ、古川さんだ、って。二人とも、すごい美男美女だなって思ったのが、最初。

優香：めっちゃ懐かしいやんな。

やっぴ：私たちの青春はアメリカ村です。

――今はお互い内面もよく知って、それぞれの好きなところや嫌いなところはありますか？

優香：感情的にムカつく時とかもあるけど、「好き」とか「嫌い」とかいう感情はないかもしれへん。なんやろ、家族みたいな感じなのかな。絶対に嫌いやわ！　もう絶対会わへん！　とかは、仕事とか関係なく、これからもたぶんないです。

りっくん・やっぴ：好きなところ、うーん…

優香：なんか、「ここが好きやから一緒におる」とかじゃないねんな。一緒にいて楽。家族やな。

――三人で初めて会ってから、さんこいちになるまではどういう流れがあったんですか？

優香：初めて会った時に三人ともフィーリングが合って、めちゃめちゃ楽しかった記憶があるんですよ。この時に、私がさんこ

いちって名前をつけたんですけど。そっからもう一気に遊ぶようになりましたね。

やっぴ：その頃は三人で会うのは月に1回とか？ しょっちゅう遊ぶわけでもなかったけど、友達って言えるような関係性は自然とできていったかも。

優香：その後、それぞれ読モやったりしながら、高校3年生の夏に、りっくんが三人で単独の主催イベントをしようって言って、そこから三人でしっかり固まって、一緒に何かをすることが、始まりましたね。

やっぴ：そこから上京してる組と上京してない僕で、1回離れるんですよ。

——優香ちゃんとりっくんは、ほぼ同時に上京したんですか？

優香：りっくんのほうが若干早かったかな。私は高校卒業して、就職決まってたけど、みんな東京行くし、ゆうかも行こう、みたいなノリでした。

りっくん：古川より半年前くらいだったかな。服飾の専門学校に行ってたんですけど、途中で辞めちゃったんですよ。専門学校に行ってた時に、「これちょっと違うな…」と思っちゃって、上京しようと思いました。

優香：私は東京で何するかとか、決まってなかったけど、りっくんがおるし大丈夫、みたいな謎の安心感がありました。東京来て、一回も後悔したことないです。

——りっくんはお兄ちゃんみたいな感じなんですかね？

優香：そうですね。お兄ちゃんていうか父親。

——そこから東京組と大阪組で離れていたんですね？

“当時はめっちゃ勉強しました、YouTube のこと。（りっくん）”

やっぴ：なんだかんだ、僕も土日は東京に行ってたりしてたんで、会う回数はあんまり変わらへんかったけどね。

りっくん：当時は僕は延々生放送してました。ツイキャスで1日4時間とか。毎日それやって生計立ててたんですよ。それでツイキャスの人と仲良くしながら、読モもやって、古川とも活動して、みたいな感じですね。

優香：私は、うーん、何してたんやろ。全然仕事してなかった。

——やっぴが東京に来るキッカケは？

やっぴ：美容学校行って、美容の道に進もうと思ったんですけど、東京で二人がいろんな仕事決まったりとか、楽しそうにしてるのを見て、自分も東京に行こうって決めて。学校の2年間は待って、上京しようって。でももう、その段階で、三人でいろんなことをしてたよな。

りっくん：なんか三人で集まったら、ちょっと動画撮ったりとか、ツイッターの動画が流行ってたんで、ツイッターの動画を撮って。

優香：ほんとに、日頃の遊びの茶番動画とか、別に企画とかもそんなになくね。

やっぴ：昔は結構ヤバかったです（笑）。りっくんの家行くってだけやのに、ラーメンマンみたいなカツラを二人で被って、りっくんを驚かせよう、とか。デカいクラッカーとか持って。

優香：ただただ動画も撮らず。ただりっくんを驚かせたいみたいな。りっくんが雑誌の専属モデルに決まったから、普通にケーキ出してお祝いしたらいいのに。そういうことばっかりしてました。

やっぴ：今よりユーチューバーかもしれん。コーラ振りとか。

りっくん：やってた！ よくうちに泊まりに来てて。コーラ振って思いっきり爆発させたりしてた。

優香：炎上するかもしれんけど、友達が誕生日だったら、お誕生日おめでとうー！ ってケーキ投げたり卵ぶん投げたりして遊んでたよな。

りっくん：駐車場でマヨネーズかけをしてたら、おじさんがガーって来たから、ガーって逃げたり。そのあと片付けに行ったんですけど（笑）。

優香：そういう、意味わからん遊びばっかしてました。昔は。

りっくん：もうできないです。でもやってるんですよ、こっち（古川・やっぴ）は。

やっぴ：やってない、やってない（笑）。

りっくん：顔面に変なメイクとかして、踊って、それを動画に撮って、編集とかもガッツリしてるんですよ。

優香：今は基本ベースが一緒におるって感じなんで、わざわざ遊ぶことはなくなっちゃったかもしれへん。

りっくん：ちなみに今マヨネーズとかされたらどうする？

やっぴ：ブチ切れる。

一同：笑

——やっぴの上京が決まった時には、さんこいちっていうユーチューバーとしてやっていこうっていうのがあったんですか？

やっぴ：りっくんが言ってくれて

りっくんがおるし
大丈夫、って
安心感があった

たんです、二人（古川・やっぴ）に。YouTubeやりたいね、みたいな。俺が東京に出たタイミングで、やろう、みたいな。

優香：私はこの2年間くらい寝てたけど、やっぴが来たし、そろそろ起きようかー言うて。

――いよいよユーチューバーとしての活動が本格化するわけですね。初めの頃はどうやって動画を作っていたんですか？

優香：まずりっくんが撮影部屋を借りようって言って。私とやっぴはYouTubeも見たことなかったし、YouTube撮るのに家借りんの？ みたいな感覚で。でも今までりっくんの言うこと聞いて間違ってたことなかったから。初めての企画とかもりっくんが考えてくれて2、3本撮った。

りっくん：全部計画的にやってました。2週間分は常に撮り貯めしとこうと思って。企画は1ヶ月先までやっとこうみたいな感じでした。

――その頃さんこいちのイメージ図はあったんですか？

りっくん：伸びる気しかなかったです。もともとYouTubeをめっちゃ見てたんですけど、絶対これより面白いもの作れると思ってた。表に出る、この二人（古川・やっぴ）が天才だと思うんですよ。だから、二人が楽しめる企画なら、絶対伸びるって思って続けていって、今に至る感じです。

――最初に動画をあげた頃のリアクションはどんな感じでしたか？

りっくん：最初は全然伸びなかったですね。YouTubeって続けないと伸びないっていうのも認識してたんで、だから企画が当たるまでやり続けました。最初に当たった企画が「スタバの裏メニュー」で、それからちょっとずつ伸びてった感じですね。たぶん30本目とかだった。

優香：最初は、ファンの子の反応もあんまり良くなかったんですよ。

りっくん：絶対すぐやめるだろうって。読モがユーチューバー側から嫌われてたんですよ。「読モがユーチューバーなんてするな」、「また来たよ、読モが知名度取りに」、みたいな感じ。でもそこで折れたらダメなので。当時はめっちゃ勉強しました、YouTubeのこと。

――参考にしたチャンネルなどあったんですか？

りっくん：もう全部ですね。全ユーチューバー見て、この企画の、これが伸びる、このワードが伸びるってノートに全部書いていって。それで、この企画は、この人は動画の平均再生回数はこのくらいだけど、何万再生ってなってるからこれはいい企画なんだ、とか。この人は男性視聴者がメインで女性視聴者少ないな、とか。自分たちは女性視聴者対象だから、この企画は違うな、とかめっちゃ勉強しました。

優香：それを知らずに、私たちはふざけて…（笑）。

りっくん：まあ、二人はずっとごねてたんですけど。もうちょっとだけ待ってくれ、みたいな。

優香：不安でした。三人ともある程度フォロワーが増えてきた時で。ツイッター投稿したらある程度反応が来る、みたいな時だったんで。YouTubeって想像もできひんかったし。撮りながらも、何やってんのやろ、みたいな感覚はありました。友達の延長線上でやってるから楽しいし、やめたいとは思わなかったですけど、大丈夫かなーって思いながらやってました。

やっぴ：一緒ですね。わからなかったんで、YouTubeが。ホンマに、遊びの延長線上。いい意味で。それから徐々にYouTubeをわかっていって、それも含めて楽しめるようになりました。

――他にも同じように活動している人がたくさんいたと思うのですが、りっくんはなぜこの二人を選んだのですか？

りっくん：表に出る天才だと思ってたのもあるんですけど、一番何もできない二人だから。

一同：笑

りっくん：僕たちがかつて所属していた「FLASH OSAKA」（人気読モの団体）の他メンバーも、みんな表に出る天才だと思ってます。だけど、この二人がのくらりくらりすぎて。大丈夫なのかな？ っていうのが大きくて。他のみんなはちゃんとしてて、自分の意見もあるし、やることやってるし、ちゃんとした考えを持って自分で発信してる人が多かったです。やっぴはまだ大丈夫にしろ、古川は、もうお前何やってんの!? みたいな。大阪時代にツイッターアカウントを作り直したりしてたのもそうですけど、お前はなんなんだ!? と思ってて。だからこそ面白いなって思う部分もあったんで。

――初めてスタバの動画がヒットした時はどう思いましたか？

僕、いじめられてるんです（笑）

優香：うわ、再生回数めちゃ伸びてる！ みたいな。

りっくん：初動で結構違ったんで、やっと視聴者層に合ったものを見つけたなという感じでしたね。

――それで二人の気持ちは何か変わりましたか？

やっぴ：え、覚えてる!? スタバが伸びたのって。俺全然覚えてない（笑）。

りっくん：めっちゃ覚えてるよ！

優香：この頃から、YouTubeやってるっていう認識が自分の中であった。

りっくん：やっていけると思ったのが、撮影用の家の家賃を払え出した時。言うなら、元を取れたというか。マイナスのところから投資をしてきて、プラスになった時は嬉しかった。

優香：最初はみんな何にもやってないから収入もなく、折半で初期費用出し合ってって感じだったからな。

やっぴ：そうやったっけ？ マジで覚えてないわ（笑）。

――企画はいつもりっくんが考えているんですか？

りっくん：最近やっと三人で考えようってなりました。

優香：でも最近まで、ホンマにこの1年半ずっとりっくんが考えていてくれたんですよ。私たちが考える企画って面白くないんですよ。第三者が見て何が面白い？ みたいな。だから、ずっと任せっきりでした。

りっくん：でも、この企画どう？ って聞くと結構NG出るんですよ。

優香：1個だけ！

りっくん：1個じゃないよ（笑）。

――ではこの三人でいることの強みや弱みはどういうところだと思いますか？

優香：ここまで続けられてるのはこの三人だからだと思います。他の子だったら、嫌い、無理、みたいになっちゃって続けられないと思います。

やっぴ：一緒や。

優香：ホンマに自分の素、汚い部分というか、性格の超悪い部分まで見せられる。

やっぴ：良くも悪くも、自分が好きなことしかできないんですよ。YouTubeも別に好きじゃなかったけどりっくんに誘われて始めて。読モとか、ダンスボーカルとかもしてたんですけど、全部しんどくて。楽しいけどしんどい、みたいなのが多くて。だけどYouTubeだけはしんどくても楽しくできてた。さんこいちっていう、今は仕事でやらせてもらってるけど、他のことで疲れても帰ってくる場所がある。ふと思い出した時に、すごいいい環境に居れてるなって思いますね。終わりの質問みたいになってる（笑）。

りっくん：強みは、さっき言ったみたいに三人のバランスがとれてることかな。やっぱ面白いんですよ、やっぴ。やっぴが面白いから成り立ってる部分もたくさんある。古川がいないとそんだけ再生回ってないものもたくさんあるし、あと、紅一点っていうのも結構でかいのかなって。男女混合グループっていうのが。

優香：カップルチャンネル以外で、男女でしっかり成り立っているのが珍しい。しかも一人はオカマ（笑）。こんなの他にはいないから、そこは本当に強いなって思います。

りっくん：あと、すごい勉強熱心だからね、やっぴは。意外に。二丁目のオカマ勉強して。だから、どんどんオカマ化していって面白くなって、成長してるから、ずっと続けられてるんだろうな。でも、弱みは…僕のトーク力かな。

優香：確かに。トーク力はない（笑）。

りっくん：もう、ほんと最近、口ごもるようになって。恐怖症になっちゃったんですよ、喋るのが。二人のせいで（笑）。

優香・やっぴ：なんでやねん！

りっくん：もうほんとに！ これ、初めて二人に話すんですけど、根本的に考え方も違うんですよ。で、お笑いの感覚も違うんですよ。僕は結構テレビ寄りなんですけど、こっちは一発芸とかそっちなんですよ。でも昔っからツイキャスとかＭＣとかそういうところでトークしてたんですけど、さんこいちになって、ボケてもツッコんでくれないんですよ。

優香：りっくんのボケをボケと感じないから（笑）。

りっくん：そのまま流されて、カットされるか、コメント欄で、りっくん何言ってんの？ みたいなこと言われるんですよ。例えばノンスタイルの井上さんがイケメン風なこと言ってツッコまれなかったらそこまでじゃないですか。それと同じですよ。だから、たまに他のユーチューバーさんとコラボして、ツッコんでくれた時めちゃくちゃ安心するんですよ！ 自分これで大丈夫なんだ、みたいな。

優香：大丈夫じゃないで（笑）。

やっぴ：少年なんですよ！

優香：男ノリ。男の子って、みんなでじゃれ合ってふざけて楽しいみたいな人多いと思うんですけど、女子群からしたら、何が面白いの？ みたいな。

りっくん：俺そんなんじゃないから（笑）。

――ちなみにやっぴは出会った頃からこのキャラクターなんですか？ それとも出会った頃は男の子だったんですか？

優香：昔から変でした。メイクとかめちゃ濃いし。

りっくん：もうちょいマシでした。

優香：二十歳超えて、お酒飲むようになって、二丁目とか行くようになってから、すっごいオカマ感増しました。

やっぴ：僕自身がりっくんのことかわいいと思ったら、そうだねって笑えるけど、もう６年もおったら、かわいいなんて思わへんし。ねえ、かわいくなって（笑）。

優香：たぶん普通の感覚で正しいのは、りっくんなんですけど。割合的にこっち（優香・やっぴ）が多く団結してて、りっくんのボケをシカトしてる。

りっくん：僕、いじめられてるんです（笑）。だからもうほんとツッコむしかないですよ。

やっぴ：りっくんは、ボケてもかわいいんですよ。かわいかったらそれで終わるじゃないですか。もう完結。

りっくん：完結してない（笑）！

やっぴ：じゃあキモって思えばいいんだけど…古川とかは、ほんとに気持ち悪いと思うからツッコめるの！

りっくん：あれやで。かわいいと思わんくて、キモイとも思わんかったら、それもう興味がないってことやで。

やっぴ：かわいいと思っとるんやで。

りっくん：でもさっき、かわいいと思わんて…。

やっぴ：男としてのかわいさじゃなくて、あざとさのかわいさ。あざといなって何回も言ってるやん。男にモテるでって（笑）。

優香：他のユーチューバーさんとコラボしたら、ちょっとした優香たちの気づかないボケとかも、なんでやねんってツッコまれてるから、それが普通なんだろうなと思うんですけど。ここでは完璧にこっちのペースだよね。

りっくん：だからコメント欄では、りっくん一人疎外感って言われるんですよ（笑）。

――番組を作っていく上で、こだわってる部分はありますか？

りっくん：ユーチューバーって人に感動を与える仕事だと思っていて、楽しいとか、感動したとか、そういうコメントをできるだけ増やせるように企画を考えています。楽しかったとか、自分もこういうことしたい、みたいに思われることをしていきたいなって。それがこだわりですね。

やっぴ：僕は二人が持ってないものを自分が出さなくちゃと思っているんで。二人が面白いって言ってくれるから。ちょっとスイッチを入れていつもより倍増、もうちょっとオカマっぽく…オカマっぽくしてないんですけど（笑）。カメラがつくと、スイッチが入るんです。最初キャラが定まらなくて、かっこつけて撮ってたりもしたんですけど、最高にYouTubeを自分が楽しんで撮らないと面白いと思ってもらえないし、視聴者の人にも同じこと思ってもらえないんで、ふざけたり、面白いことしよう、っていうのはYouTubeやる上で一番考えてますね。

優香：私は…ないです（笑）。

やっぴ：かわいくいることじゃないの？

りっくん：ホンマに、どんな撮影の時も化粧直し絶対するんですよ。

やっぴ：「ちょっと待って」って言ってね。

りっくん：お前も人のこと言えないだろ！

一同：笑

優香：やっぱ、素でいることは気をつけてるというか。でも最近まで気づけてなかったです。逆に素すぎてボケーっとしてることも多かったです。その時は全然わからなかったですけど。それが普通やから。周りにめちゃめちゃ言われて、最近は、すごい楽しんで撮影しています。それ以外は普通にしています。素です。

――三人で、どんな人にどんなことを伝えたいですか？

りっくん：僕は客観視するのが得意というより、それでしか人のことを見れない。自分が発信者だと思った瞬間終わりだと思ってて、それってもう自分のエゴになるじゃないですか。だから、そうじゃなくて。客観視した時に、自分たちの視聴者は女子高生や女子

“ここまで続けられてるのは
この３人だからだと思います。（優香）”

“クスッと笑えた、みたいな動画を作りたいです。簡単に言えば、笑ってもらいたい。（やっぴ）”

大生が多いんで、考え的に女子になるんですよ。その時は、自分が女子だったらこういうこと聞きたいな、とか。自分が男子高校生だった頃、女子高生はこんな話してたなとか、めっちゃ思い出して。いろんな自分になります。

優香：「元気がなかったけど、さんこいちの動画見てすごい元気になった」とかコメントもらうとすごく嬉しいですね。

やっぴ：ためになる企画はりっくんが考えてくれるから、そこは任せてるんですけど。例えば、メイクしてる時に暇だから、さんこいちのチャンネルつけたらクスッと笑えた、みたいな動画を作りたいです。簡単に言えば、笑ってもらいたい。

——チャンネルを始めて1年足らずで100万人という記録を出しましたが、そのことに関してどう思っていますか？

優香：正直100万人いくまでは、別に…と。すごいことなんだなとは思ってましたけど。実際いったら、めちゃめちゃ号泣しました。やっぱりめちゃめちゃ嬉しかったのと、手紙を書き合う企画をして、お互いの気持ちを再確認できたっていうのもあって、100万人は大きかったです。

りっくん：なんだかんだ、楽しかったと言いつつも、辛いこともたくさんあったしね。悩んだりしたことを思い返したりとか。撮影もみんなしんどい時期もあって、仕事がかぶって会えなくて撮影できない、とか。そういう時期もちゃんと乗り越えて、眠くなりながらでも撮影しよう、とか。

優香：（やっぴが）一番泣いてました。一番泣かんと思ってたけど、一番泣いてました。

——三人でお祝いしたんですか？

優香：してない（笑）。

やっぴ：なった瞬間にりっくんと僕は電話したんですよ。三人で電話しようって言ったんですけど、一人（古川）は（電話に）出なかった。

一同：笑

優香：携帯見てなかってん！

りっくん：YouTubeの登録者数って、リアルタイムで見られるじゃないですか。やっぴと僕は、ずっとそれ見てて。その時も動画撮影してたんですけど、やったー！　ってなった後、え、見てないってあり得る？　って。他のユーチューバーさんとかも、動画で、あ、やったー！　みたいなことしながら、視聴者さんに「今チャンネル登録してー！」とか、「まだメンバー帰ってきてないから待って！」。とか盛り上がってるのに。寝てる??

優香：ちょっと眠くて。

りっくん：逆にすごいなと。さすがだと思いました。

——ユーチューバーになって三人の中で変わったことは？

優香：めちゃめちゃ変わった気がする。まず関わる人が変わったんで。今までの友達と遊んだりするんですけど、環境が変わったから、それによって変わった。

りっくん：社交性が豊かになった。

優香：確かにそう。人見知りしなくなったかもしれないですね、YouTube始めて。

やっぴ：で、りっくんは、更にストイックになった。昔からストイックなんですけど、更にストイックさに磨きをかけて。

りっくん：さんこいちだけじゃあきたらないです。他のこともどんどん始めて楽しくなっちゃった。

優香：私も度胸がついたっていうのかな。どんな初対面の人でも、どんな見た目が尖ってて怖い人の前でも、動画が始まれば、何でも面白いことできちゃう、みたいな。どんな場所でも絶対無茶ぶりを受けて面白いことができるようになった。

りっくん：あと、メイク。髪とかめっちゃバッサバサだったやん。美意識がすごい。前はやっぴの方が女子力高かったんですよ。やっぴが下がって古川が上がった。

やっぴ：なんか吸い込まれちゃった（笑）。

優香：YouTubeのファンってストレートに言ってくる人が多い。私たちのこと知らんくても、見てコメントする人もいるから。グサッてくることを言う人もいるじゃないですか。だからそういう見た目の面は言われたくないから、気にするようになったかもしれないです。

——YouTube以外も、というお話がありましたが、今度の活動予定は？

優香：三人でアパレルブランドを

立ち上げたんです！　それが、YouTubeの次に始めた大きいことかな。りっくんは、さんこいちの他にもいろいろやってるし、さんこいちで更にドでかいことをするのはまだまだ先かもしれないですね。

りっくん：あとはそうですね、YouTubeももうちょっと面白くしたいですね。おっきい企画、何かテレビっぽい企画をしていけるように今動いてます。今まではお金的にもそんなに使ってこなかったんですけど、視聴者にちゃんと面白いって思ってもらえるようにお金を使って、良いお金の使い方をしたいなと思ってます。

――ブランド立ち上げのキッカケやコンセプトは？

優香：それもりっくんがやろうって言ってくれました。それぞれ自分たちの好きなものを別で考えてる感じです。

りっくん：ユニセックスで着られるもので、やっぱり女性の視聴者が多いので、僕たちが考えた服でも、女性でも着られるものをどんどん作っていって、YouTubeで表現できることってほんと限られているので、それ以外の媒体で、ブランドとYouTubeの組み合わせだったりとか、面白いことをしていきたいなって思ってます。

――さんこいちとしての夢や目標はありますか？

やっぴ：ウィキペディア？

りっくん：他にも面白いユーチューバーさんたちがいるんで、その中でも、張れるように。上には上がいるし。もっと上を目指して頑張っていきたい！

――10年後は三人でどうなっていたいですか？

優香：それぞれ、10年後はたぶんYouTubeやってないと思うんで、今と変わらず自分のやりたいことはしっかりやって、家庭持ったりとか、ブランドを成功させてそのまま続いているとか。なんだろ…。やっぱりわからへん（笑）。なんかしらの形でさんこいちは残っていたいな。

やっぴ：別の仕事してても、三人で会えるような。会えるっていうか、別の仕事で関われるくらいお互いに成長できてたらいいなって俺は思う。何があるかわからへんけど。

――最後に、いつも番組を見てくれる子たちへメッセージをお願いします。

一同：いつも応援してくれてありがとうございます！　これからも、さんこいちをよろしくお願いします！

YouTube 古川優香チャンネル 制作舞台ウラを大公開！

2018年10月からスタートしたゆうかの個人チャンネル。そこで！　気になる制作現場（お家）に完全密着！
どんな風に撮っているのか、編集しているのか、のぞいてみましょう。
「古川優香チャンネル　毎週土曜日 20:00 更新」

1 ネタづくり

「よし、ネタ作るぞ！」って机に向かってネタは作りません。基本は思いつき。あとはみんなのリクエストをやっていく感じ。今回は上海で買ってきたカラコンの紹介がテーマです。

2 かいだし

中国のカラコンが気になる！　と思って、上海のコンタクト店でゲット。アイテムを買う時にネタがひらめくこともあれば、ネタを固めてからそれに合う物を買いに行く場合も。

3 メイクなおし

一応撮影前にはメイクを直します。リップとかパウダーとかぱぱっと簡単にできることだけ。よく周りに言われるけど、歯紅が付いてることが多いからそこはチェックしとく（笑）。

4 ライティング

ライトの顔への当たり方と距離感を調整してスマホをセット。最近撮影用に本格的なライトを購入したけど、思っていたよりも高さがあって、サイズ感間違えた気がする（笑）。

5 さつえいスタート

撮影で意識することは、“撮影っぽくならないこと”。私生活をカメラでのぞかれているみたいな感じ。素の自分を見てもらえるように、ただひたすらカメラと喋っています。

6 パソコンにとりこむ

撮影が終了したら、動画をGigaFile（ギガファイル）便を使ってスマホからパソコンへ取り込みます。容量が重いからこういう無料大容量ファイル転送サービスが便利なんです。

7 へんしゅう

『Final Cut Pro』っていう動画編集ソフトを使って編集。無意識に同じことを何回も喋ってたりするんやけど、そういうのいらんやろって場面もあえて残しつつカット作業してます。

8 じまくいれ

字幕はたくさん入れない派です。基本的にはシンプルな一番初期の書体を使ってます。あと、キランキランってちょっとダサい文字の出し方があるんやけどそれはたまに使う。

9 こうかおんいれ

基本は、著作権フリーの音源をダウンロード。子どもがイェーイ！ って言う効果音を探してるんだけど、全然見つけられなくて、ハハハって失笑してるやつを毎回使ってる（笑）。

10 タイトルきめ

YouTubeの編集画面でタイトルとサムネイルの編集をします。タイトルはぱっと見で内容がわかるように、サムネの画像にも行った場所の名前とかを載せてる感じです。

11 アップロード

全ての編集が終了したら、土曜日の20時に公開設定をして完了！ こんな流れでいつもYouTube制作をしてます。みんなからのコメントとリクエストも待ってるよ〜！

FINISH

ライフスタイルから仕事のことまで、ぜ〜んぶ教えて！

古川優香に聞く、100のコト。

ゆうかの素顔に迫るため、100問100答を敢行！
実際に住んでいるお家の間取り図から、1日の過ごし方、恋バナまで、
細かく聞いちゃいました。これであなたもゆうかマスター（笑）。

Q.001
名前とあだ名を教えて！

古川優香です。ゆうかちゃんって呼ばれることもあるけど、基本「ふるかわ」。

Q.002
ついやってしまうクセは？

うーん…人からよく言われるのは“何回も同じことを喋る”こと。

Q.003
幼少期の夢はなんだった？

ケーキ屋さんのレジ打ち。

小さい頃ってレジに憧れませんでした？ケーキも好きだったし。

Q.004
自分の好きなところは？

あんまないけど…。物に執着しないこと。

Q.005
これがないと生きていけないモノって何？

お母さん。

私、何でもかんでもほんまにお母さんに頼るんで。毎日連絡とってるし、本気でお母さん死んだら、自分も死ぬ、ていうか、何もできなくなると思う。あとは、東京の母でもある、はなちゃん（マネージャー）！

Q.006
自分を動物にたとえるなら？

ダンゴムシ。

でも犬でも猫でもないし、ああいう動物じゃない気がする。私、のそのそしてるし。

Q.007
自分の体の中で好きなパーツは？

歯と口。

tooth and Mouth

Q.008
自分の嫌いなところは？

元気がない…というか体力がない（笑）。

MY FAVORITE!!

MYSELF

Q.021

まだファンに明かしていないヒミツは?

えー、ない。全裸と住所。・・・・

Q.012

今までプレゼントで
もらって嬉しかったものは?

友達からもらった手紙と絵。

あと、誕生日にいっぱい人が集まってくれて、リムジンを用意してもらったことも。いっぱい人にお祝いしてもらって嬉しかった!

Q.014

この世で一番
怖いものって何?

HU 人 MAN の

誰とかはないですけど、恨まれたら一番怖いです。お化けとか別に怖くないけど人が一番怖い。

Q.013

一生捨てられない
宝物は?

お母さんとおばあちゃんからもらった手紙。おばあちゃんは定期的に手紙をくれるんです。お母さんからの手紙は、高校卒業の日のお弁当と一緒に入っていたんです。これはずっと持ってます。

Q.015

何フェチ?

匂い。香水とかの香りは最近あんまり好きじゃなくなって、洗剤とか柔軟剤の匂いが好き! 家ではずっとファーファを使ってる。

Q.009

友達からはどんな人だって言われる?

自由!

FREEDOM!

Q.017

ストレス発散方法は?

寝る!

zzzzz…

とにかく寝たら忘れるんだよね。ほとんどのことが結構どうでもよくなるから寝ます。1時間とかちょっとでも寝たらもういいや、みたいな感じになっちゃうかも。ほんまにめちゃめちゃストレス溜まったら、お酒をめちゃめちゃ飲みます。めちゃめちゃ究極に溜まった時だけ。前に、仕事が忙しくて、寝れなくて、でも遊びたくて…、その時にウィスキーめっちゃ飲んでぶっ潰れたことがあります。もう一生飲まへん(笑)。

Q.016

休日の理想の過ごし方は?

モーニングを食べに行って、ちょっとジョギングして、お昼ごはん食べて、おさんぽして、ごはんを誰かがふるまってくれて、食べて、寝る。

どっかに行くよりかは、普通にめちゃめちゃ規則正しい生活をしたいです。今は夜中、というか朝方に寝て、すぐ朝起きて、みたいな生活だから、健やかな生活とは言えない。

Q.010

生まれ変わったら
何になりたい?

ガリッガリのアイドル。“かわいい”で一生生きていける、みたいになりたい。アイドルとかに限らず、モデルさんとか、顔がかわいい子めっちゃ好きなんで。でも私の“かわいい”ハードルは低いかも(笑)。

Q.018

好きな色は?

白かみどり。

White or GREEN

Q.019

何をしている時に幸せを感じる?

おいしいごはんを食べてるとき♡

Q.011

好きな季節は?

冬。

寒いのはめちゃめちゃ嫌いだし、むしろ寒いのより暑い方がマシなんだけど。上京したての頃、私の狭い家に15人くらい友達が泊まりに来て遊んだりとか、友達との思い出が多い季節だから、いろいろ思い出す。

Q.020

過去のMAX体重教えて!

53kg。毎日飲みまくって、YouTubeの大食い企画も重なってめちゃめちゃ太った。その時のお腹とかYouTubeに載せた。

LIFE STYLE

Q.027
好きな音楽は?

女の子のK-POPをよく聴きます。最近は**BLACKPINK**とか。

Q.023
カラオケの十八番は?

「おジャ魔女カーニバル!!」

Q.022
よく遊ぶエリアは?

SHIBU
渋谷
YA

Q.024
好きな都道府県の方言は?

東京の女の子の喋り方がかわいいと思います。女の子っぽい。

Q.025
家の間取り図は?

ふくぞうのために引っ越した1LDK。まだ引っ越したばっかりだからもあるけど、昔から家にあんまりモノがあることが好きじゃなくって、基本シンプルです。

靴を脱ぐスペースがないフルフラットがおしゃれ

ブルーのタイル貼りがかわいい洗面所♪

シャンプーは2〜3種類を常備♥

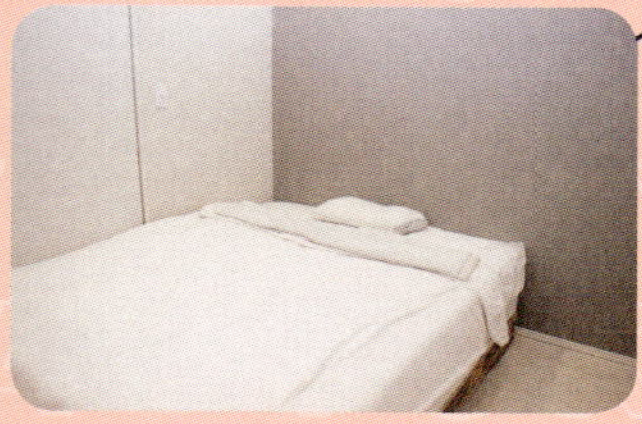
セミダブルだから広々寝られる〜♪

料理はほとんどしないです…。

ふくちゃんはいつもリラックスモード

買ったばかりのソファーがお気に入り♥

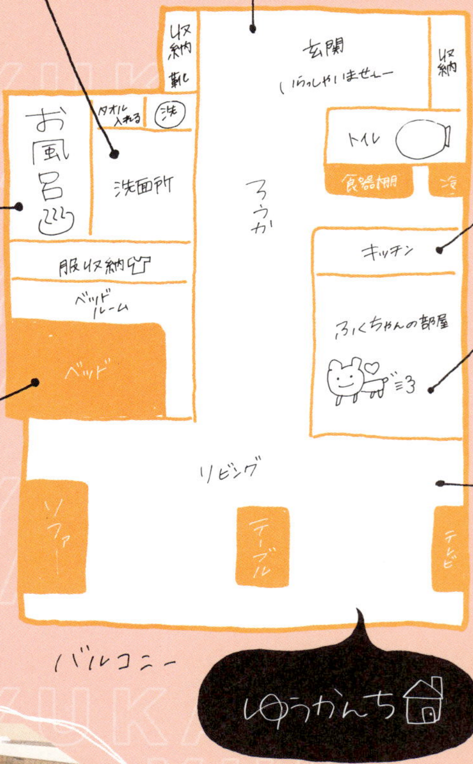

Q.026
家のどの空間にいることが多い?

ベッドかふくぞうのスペース。

1日1回はあの中でダラダラしてます。

Q.033
自撮りの方法を教えて!

とにかく顔アップで若干上から撮る。アップの方が目がパッチリするよ。ちなみに自撮り棒は使わん。

CLICK!
CLICK!
まずは
キメ顔で!
CLICK!
CLICK!
CLICK!
CLICK!
変顔やばい!!
(笑)
CLICK!

Q.034
好きなお笑い芸人は?

ジェラードン。

めっちゃキモくておもろい。

Q.035
よく見るインスタページは?

人がごはん食べてる動画を見ます。

あと、最近は@jung.y00nがかわいくて好き。

Q.036
よく見るYouTubeは?

これもごはんをひたすら食べている「つくるたべるハナメ」。

Q.037
人生で一番高価な買い物は?

ふくぞう

*PRICELESS

Q.038
死ぬまでに絶対行きたい場所は?

フィリピンの島。海と景色がめっちゃキレイらしいから!

Q.028
スマホを見せて!

今使っているのは、iPhoneXです。シンプルな充電器付きのケースに入れてるけど、ちょっと重い…。

Q.029
よく検索するワードは?

古川優香。

エゴサーチめっちゃします。1日2〜3回くらい。単純に気になっちゃうんです。ムカつくこともあるけど傷ついたりはせーへん。

Q.030
絵は得意?
自画像描いてみて〜

描くのは好きやで。なんか描いてみたらめっちゃかわいなった(笑)。これ、ゆうかに似てるやろ??

Q.031
LINEの愛用スタンプは?

お気に入りのものを探して買うよりかは、元々LINEに入ってる公式のスタンプをよく使ってる。ブラウンの妹のチョコがハート持って動くやつがカワイイんです♥ あと、「BT21」っていう防弾少年団のキャラクターのスタンプも使ってるかも!

Q.032
お気に入りのアプリは?

一番よく使うのは、「YouTube」、「Instagram」、「Twitter」。カメラアプリだとよく使うのは「B612」。自撮りが盛れるカメラアプリはよく探してる。

Q.045
お財布 & 家計簿を見せて!

今日の所持金は10,825円。ポイントカード類はあんまり持ってないです。美容やファッションにもお金は使うけど、やっぱりごはんに一番使ってます（笑）。

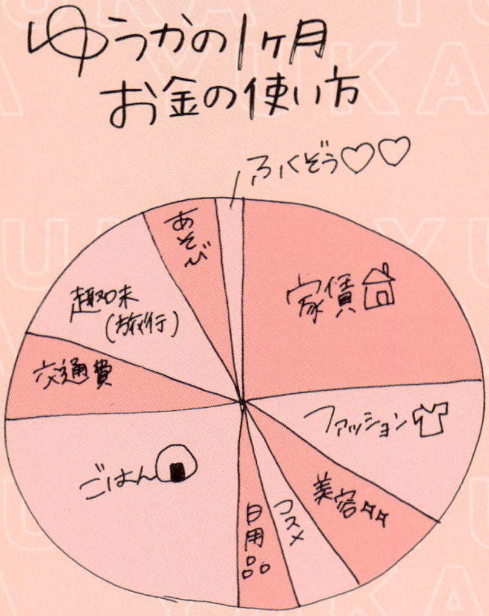

Q.042
好きな映画は?

MY FAVORITE MOVIE

「ピエロがお前を嘲笑う」。

2回見ても違う見方ができて面白かった。基本的に映画はAmazonプライムとかNETFLIXで見ます。

Q.039
これまでの旅行先でのトラブルは?

韓国行こうと思って、空港に行ったら、1ヶ月先の飛行機のチケットをとってたことが判明したこと。結局どうにか行けたけどね。

Q.040
長距離フライトで欠かさず持って行くものは?

イヤホン。

Q.041
好きな女の子のタイプは?

口角が上がってる子

Q.043
ディズニーランドの一番好きなアトラクションは?

上海の「パイレーツ・オブ・カリビアン」。

映像がすごくて本当に海の中にいるみたいだった！　東京だと「イッツ・ア・スモールワールド」かな。キャラクターはジェラトーニが好き。

Q.044
男に生まれ変われるなら何する?

生まれ変わりたくないです。でも昔は、めっちゃ男の子になりたいってずっと思ってました。

Q.046
写真を撮る時の好きなポーズは?

ピース。

Q.047
人生で一番嬉しかったことは?

さんこいちでYouTube100万人達成したこと！

Q.048
プリコレクションを見せて！

友達との大事な大事なプリたち。撮ったものは全部缶に入れてあります。すごく古いものもあって見出すと止まらん。

Q.049
どうやったら人見知りを克服できる?

克服しようと頑張らない。私めちゃめちゃ人見知りだけど、頑張ろうとしたら余計気にしちゃうから、普通にしてます。

Q.050
勝手にランキング

	コンビニでよく買っちゃうお菓子	コンビニでよく買っちゃう飲み物
1	茸のまんま	野菜生活100
2	カリカリ梅	伊右衛門 特茶
3	たけのこの里	ポカリスエット

Q.051
苦手な食べ物は?

焼きそばと梨。

Q.052
ODEN

おでんの具は何が好き?

白滝(絶対2個)、大根、ロールキャベツ

Q.053
好きな寿司ネタは?

絶対甘エビ

蒸しエビは無理です。

Q.054
ゆうか流チョイ足しグルメは?

料理するなら、何でもごま油使えばおいしいと思ってます。

Q.055
好きな駄菓子は?

「うまい棒」のコーンポタージュ味。

Q.056
粉もんナンバーワンは?

たこ焼き！

大阪のたこ焼きじゃなくて、ちょっと揚げてある東京の「銀だこ」が一番好き♥

Q.057
お母さんの好きな手料理は?

ホワイトシチュー。

Q.058
好きなアイスのフレーバーは?

ピノのチョコアソートに入っているアーモンド味。

Q.059
地球が明日なくなる！最後の晩餐《ばんさん》は?

焼肉！

Q.060

1日のスケジュールに密着させて！

とある1日をお見せしまーす！

この日は、さんこいちの撮影3本立て。移動も多くて大変だったけど、毎回いろんなことに挑戦できて楽しい♪

GOOD MORNING
07:30

07:40

パシャパシャ！洗顔！

化粧水はたっぷりコットンパックで

07:50

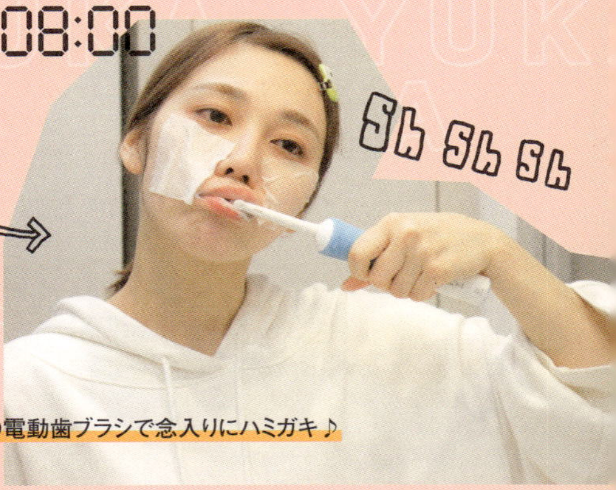

愛用の電動歯ブラシで念入りにハミガキ♪

朝ごはん、いただきまーす！
08:15

Soup

Tofu

食べるラー油をかけたお豆腐1丁と、即席スープで簡単朝ごはん！

メイクアップ！

お仕事だから気合い入ります！

今日の気分は外巻きカール★

いつもはストレートアイロンで内巻きにするけど、この日はちょっとイメチェン。

09:45
今日は何着ようかな～

いってきまーす！

タクシーに乗って出発！

さんこいちの撮影1本目スタート★

11:00

今日はさんこいちの撮影３本立て。１本目はプリ企画でした。新しく登場した機種で試し撮りをしたよ。

みんなで次の現場へ移動

13:00

さんこいち撮影２本目はクッキング企画♪

14:00

コックさんの格好で料理企画に挑んだよ！ 料理しない私がフルコースを作るっていうステキなテーマでした（笑）。

LUNCHTIME
お昼ごはんいただきまーす

16:00

今日のお昼はローソンのもち麦と蒸し鶏の生姜スープ。ヘルシーメニューにしてみたよ♪

本日最後のさんこいち撮影は…？

18:00

イルミネーションの中でクリスマスの胸キュン動画の撮影をしました！

さんこいちの部屋で打ち合わせ★

20:00

さんこいちから出しているブランド「RYBC」の服をさんこいちのお家でチェック！

自宅に戻ってゴロゴロタイム…

21:00

YouTubeの編集作業も忘れないよ!

24:00

お風呂から上がったら、眠いのを堪えて仕事！ 今日撮影したものをチェックして、編集作業…。

25:00

脚が細くなるように念を込めながらマッサージ（笑）

おやすみなさーい

GOOD NIGHT
26:00

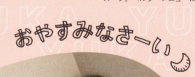

FASHION & BEAUTY

Q.061
よく行くお買い物スポットは?
LAFORET
ラフォーレ原宿。

Q.062
スタイルアイコンは?
高橋愛ちゃんの服装が好きです。

Q.063
クローゼットを交換したい人はいる?
ふくれな。

Q.064
ファッションで肌見せするならどこ?
手首、足首。

Q.065
バッグの中身を見せて！
バッグの中にはあまりたくさん物を入れない派。できるだけ最低限で過ごします。

Q.066
好きなブランドは?
HEAVY USE
「jouetie」。
めちゃめちゃ着ます。

Q.067
ショップ店員さんと仲良くなる派?
あまり喋らない派?
喋らない派。

Q.068
おしゃれに目覚めたきっかけは?
中２でメイクをするようになったのと同時くらいです。

Q.069
お気に入りの香水は?
ランバンは昔からよく使っています。

Q.070
どんなファッションに憧れる?
スキニーに白T。

この体勢が
安心して眠れる
ゆうかスタイル（笑）

Q.071
今欲しいアイテムは何？
ちょっと個性的なセットアップみたいなのが欲しいです。

Q.072
洋服はよく捨てる？
はい。妹にあげたりとか。

Q.073
絶対に買わないこんな服、ってある？
ヒラヒラの女子っぽい服

Q.074
寝る時は何を着る？
ジャージ。
韓国の、めちゃめちゃ安い服屋さんで買ったジャージもあるけど、アディダスが多いかも。

Q.075
デニムはスキニー or ボーイフレンド or ストレート？
ストレート。

Q.076
今コスプレするなら何になる？
そろそろできないと思うんでJKになりたいです。

Q.077
メイクはどのパーツに一番力を入れる？
ベースメイク。

誰かわからんな（笑）
どれがゆうかでしょう？

Q.078
これまでやった最強メイクを見せて！
ハロウィンに、ふくれなとまあたそと3人でヤマンバメイクしてUSJへ行った〜！

Q.079
ダイエットの成功 or 失敗エピソードある？
成功はしたことないです。
失敗は、断食。めちゃめちゃ戻りました。

Q.080
脚やせ方法教えて！
私に聞かないでください（笑）。

LOVE

Q.081
好きな異性のタイプは?

めちゃめちゃ優しい人。

ありえないくらい優しい人がいいです。意見も言ってくれるけど、心から優しい人。人にも優しい人が好き。

Q.082
男女の友情は成立する?

はい!

Q.084
失恋から立ち直る方法を教えて!

本気で遊びまくる。1人になる時間を作らない。

Q.083
りっくんとやっぴ、彼氏にするならどっち?

両方とも無理。ほんまに友達やからそういう目で見られない。

Q.085
初恋はいつ?

4歳。

ユウスケ君です。でも中学校一緒になったら、変わりすぎてびっくりした(笑)。

Q.089
異性のファッションの好みは?

ストリート系!かな〜

あんまりこだわらないんですけど、普通にパーカーとか。シャツとか着ている人は苦手かも。

Q.087
恋愛には積極的? 消極的?

「遊ぼう」とかは結構言うけど、自分から告白とかはしないかな。友達としての距離のつめ方はするけど、恋愛的に好きみたいな感じは出さない。だから、消極的ですね。待ってるか攻めるかでいったら、待ってる。

Q.086
理想のデートコースは?

ディズニーランドデート。

昔したことあるけど、その時付き合ってた彼氏が並ぶのが嫌いで2時間くらいで帰っちゃったんで、ちゃんとしたディズニーデートがしたい。

Q.088
結婚願望はある? 何歳で結婚したい?

あります。

もうちょっと自分の時間を楽しみたいから、もう少し先の30歳くらいかな。

Q.091
恋人に求める条件は?

優しくて、常識あって、くさくない人。体型は、超太ってるとか、超ガリッガリとかじゃなければいいな。顔は全く気にしない! 年下派かもしれないけど、フィーリングが合えば誰でもいいかも。

Q.090
異性のこれだけは許せない行動は?

店員さんに偉そうな態度をとる人。そういう人はあんまり彼氏にしたいとは思わないかな。

Q.092
好きな男の子を落としたい時にどうする?

恋愛的に好きな感じを出さずに超スキンシップして仲良くする。そんなグイグイいかないけど(笑)。

WORK

Q.093

ユーチューバーという
仕事を選んだ
一番大きな理由は?

りっくんに誘われたんですけど、りっくんが言っていることは間違いないだろうって勝手な信頼があったんです。りっくんにやろう！　って言われたから、「オッケー！」みたいな。これが自分の職業になるとは思わず、ノリで動画上げるくらいやろな～みたいな感じだったんです。決断というよりかは、動画撮って載せるだけか、ふーんって感じ。そんな、軽い気持ちでした、最初は。

Q.094

ユーチューバーじゃなかったら
何になりたい?

ユーチューバーじゃなかったら、普通に働いてるかな。

普通に地元で超普通に働いて、早めに結婚して子ども産んで、とかですかね。

Q.095

心に残っている仕事はありますか?

バンジージャンプをやったこと！

番組の企画だったんですけど、りっくんとバンジージャンプをやらないといけない企画で、泣きました。最終的には飛びましたけど（笑）。

Q.096

仕事でしてしまった
大失敗エピソードは何ですか?

撮影があったんですけど、前日にお酒飲みすぎて動けなくなって、二日酔いでゲロ吐きながら仕事したこと。ずっと踊る仕事で、ゲロ吐きながら踊りました。

Q.097

仕事でくじけそうになった時どうしてる?

友達とごはんに行ってからカラオケに行く。

仕事は大変だけど、
イイ仲間に
恵まれてるなって思う

Q.098

仕事で最もやりがいを感じる瞬間は?

ありきたりかもしれないですけど、動画とかあげたり、SNS更新した時にコメントとか増えたりすること。イベントとかにまで会いに来てくれる子がいること。

Q.099

今の仕事で誇りに思っていることは?

普通の人と違うことができるし、自分の好きなことをしているのに、周りの人が見てくれて、それを評価してくれること。こういう仕事でしかできないなと思うので、誇りに思います。

Q.100

りっくんとやっぴを動物にたとえるなら?

やっぴは、トド。りっくんは、リス。顔がそんな感じ。

ふくぞうです。

ぞうを、初公開でご紹介します。ブスカワなところがたまらないんです！

PLOFILE

ふくぞう 1才3ヶ月
パグ

ふくぞうを飼ってから生活に変化はあった?

引っ越した！

よく行くお散歩スポットは?

マンションの周り。

一緒に行ってみたい場所は?

ドッグラン。

ふくぞうの好物は?

さつまいも！

新しい相方を紹介します。

はじめまして、

今の部屋に引っ越したのは、実はこのわんこのため。ひと目惚れして一緒に住むことになったふく

ふくぞうとの出会いは?

ペットショップで
ひと目惚れ♥

どんなところが好き?

くっついてくるところ。
甘えたがりなところ。

なんでふくぞうを選んだの?

ひと目惚れして何回も
ペットショップに見に行ったけど、
やっぱりかわいかったから。

ふくぞうの名前の由来は?

お母さんが「ふく」が良いって言ったから。
私は名前決まる前ずっと「パグぞう」って
呼んでたから、それと合わせた！

ふくぞうってどんな性格?

おっさん、人懐っこい。
一日相手にしないと名前呼んでも
シカトされるし、こっち向いてくれない。

一番の思い出は?

一緒に寝てて朝起きたら
部屋中ぐちゃぐちゃにされてたこと！

何して遊ぶ?

ずっと２人で
ゴロゴロしてる。

ふくぞうの特技は?

「待て」したら
一生待てる！

ふくぞうへひと言！

もっと大きくなっていいよ！

MINMIN

焼きも揚げも水も！
「珉珉」では全種類
網羅するのがゆうか流

何よりもごはんを食べるのが好き!

I ❤ GOHAN

おいしいごはんを食べること以上に幸せなことなんてナイ！
ゆうかの好きな食べ物ランキング１位の
餃子をはじめ、ちょいリッチな焼肉、庶民派な定食まで、
プライベートなごはん写真を大公開！

ICHIBIKO

いちごスイーツ専門店の
「いちびこ」で
“映えウマ”なかき氷に興奮！

NODA NIKUYAKIYA

kawara CAFE & DINING

サバにどハマり中の私が推すのは
「kawara CAFE &DINING」の
サバの塩焼き定食！

「野田 肉焼屋」は
コスパが最強！
赤身肉をお腹いっぱい
食べます

FUKUHO

ニンニクとニラがガツンとくる！
「福包」のもっちり水餃子が好き♥

GOSHIKI

「和食ごしき」のカニ・ホタテ・イクラの土鍋炊き込みごはんに感動！

OUSHO

これぞ王道！
パリッとジューシーな
「餃子の王将」の焼き餃子

AUN

自分へのご褒美に
ごはんに行くなら
「焼肉 阿吽」のお肉で
決まりです

TORIJIRO

「鶏ジロー」の焼き鳥は
何本でもイケる！
飲みに行くならココ

OOTOYA

おなじみの「大戸屋」では
野菜たっぷりメニューで
健康的に☆

いつもの3人でいつもの

GIRLS TALK

気になる
美容事情から
恋バナまで！

with ふくれな & まあたそ

上京してから親友になったのがふくれな&まあたその２人。
それぞれがユーチューバーとして活躍する3人の、秘密のガールズトークをチラ見せ！

――普段三人で遊んでいる時はファッションやメイクの話はしますか？

一同：するする！

ふくれな：あの服かわいい、とかの話するよな。

まあたそ：あと化粧品の話…とか。あ、ふくれなが「この化粧品良かった」って言ってたやつ、優香ちゃん、この前捨ててたよ（笑）。

ふくれな：ひどい！ 最悪（笑）！ でも優香ちゃんはすごいすぐ物を捨てるよね。

優香：そう、物が嫌いやねん。

まあたそ：初めて優香ちゃんの家行った時、ゴミ箱がなくって。なんでゴミ箱ないんじゃってびっくりした。

ふくれな：うちも、びっくりしたもん。こんな女の人（優香ちゃん）の家が、こんなキレイなんやって思って（笑）。

優香：どういうこと？（笑）

ふくれな：ちょっと、ガサツに見えるやん。喋り方とか、なんていうんやろな…オープンだから。れなと同じ部類やと思ってけど、違った。

まあたそ：家めちゃめちゃキレイ。

優香：キレイっていうか、ない、物が。あれ？ 話変わってる（笑）。

まあたそ：はっ！

――では改めて。最近おすすめのコスメとかは？

優香：コスメとか美容の情報は、ほとんどふくれなが教えてくれます。

まあたそ：ふくれなから、ここ（優香・まあたそ）に流れてくるみたいな。この前三人で一緒にドンキ行った時も、リップ買いました。

ふくれな：フローフシの。ラメの白と黒が出てるんですけど、その白の方を、みんなでお揃いで買って。

まあたそ：あれ、いいよね。さっきメイク直しでも使った～。

ふくれな：フローフシが終了するっていうニュースが流れて、それで…。

まあたそ：限定だったから、買っとこうやって言うて。

優香：買って良かった。

――カラコンとかは？

ふくれな：これはみんな違う？

優香：私はふくれなが「これいいで」って教えてくれたやつ、ずっと使ってるよ。

ふくれな：え、ほんまに？

まあたそ：確かに、割と参考にしてるかも。だってうち普通にふくれなの動画見るもん。

ふくれな：嬉しい！

優香：直接聞くんじゃなくて、動画なんや（笑）。

まあたそ：そう、動画（笑）。

優香：動画一応見てから聞く、みたいな？

まあたそ：そうそう（笑）。

ふくれな：ネイルの話とか結構するかも。

優香：確かに。するする。「これかわいい、いくらやった？」とか普通にめっちゃする。

まあたそ：値段の話（笑）。

――ダイエットとかはしてるんですか？

優香：全然…。朝の5時とかにコンビニでカロリーヤバイやつとかよく買ってるよな。

ふくれな・まあたそ：うん。

まあたそ：逆に最近歯の矯正始めて、2キロ痩せました。痛くて食べられなくて。今も、ポップコーン全部挟まってます（笑）。

ふくれな：かわいそう（笑）。優香ちゃん、めっちゃ食うよな。

優香：うん。頑張らんよな、美容に対して。

ふくれな：え、でも痩せたやん。

まあたそ：めちゃめちゃ痩せた。

優香：普通の人の食生活にしただけ。今まで異常に食べまくってたから（笑）。

――特別な時にするメンテナンスとかスペシャルケアみたいなものは？

優香：肌は結構するかも。撮影前とかは美容室も行くし、エステも行くし。

ふくれな：うちは髪の毛だけ。

まあたそ：最近うちらあれ

コスメとか美容の情報は、ほとんどふくれなが教えてくれます。（優香）

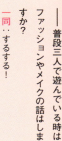

うちらはお金にならないことに、全力をかける。（まあたそ）

買ったよな。グイーンってする、お風呂場でする美顔器。あれなんていうんやろ。

ふくれな：ウォーターピーリング。毛穴の中の脂が出てくんねん。

まあたそ：そう、白いちいちゃいのが。あれめっちゃ良い！

ふくれな：（スマホの検索画面を見せて）これマジでめっちゃ良いから！

まあたそ：次の日キレイになっとる。こんなんで変わるんじゃって感じ。防水だしな。

優香：それ買う。マジですぐ買うわ！

――普段のボディケアやヘアケアみたいなことは？

まあたそ：うち最近、頭の毛が薄くって（笑）。頭皮マッサージの機械使ってる。これも防水で、グユングユンって頭勝手に洗ってくれて、めっちゃいい（笑）！マッサージで治ったかも…。

優香：え、下向いて。（まあたその頭を見て）あ、薄い。前よりひどくなっとる（笑）。

まあたそ：あかんやん（笑）。

優香：摩擦で余計にひどくなってるんちゃう（笑）？

一同：笑

ふくれな：私はエリップスっていうカプセルタイプのトリートメントを使ってます。あれ塗るとめっちゃツルツルになる！

――ふくれなちゃんは、美容情報はどこから得るんですか？

ふくれな：インスタとか、アマゾンとかめっちゃ見てるんですよ。暇やから（笑）。普通に「コスメ」で調べたりして。とりあえず何か買いたいと思ったら調べるって感じですかね。あと＠cosmeとかですね。＠cosmeは、最近流行りの記事を見たり。

――いつも肌身離さず持ってるアイテムを一つあげるなら？

まあたそ：ルドゥーブル。二重にするやつです。目が一重じゃから、二重にする。

ふくれな：私はカラコンかも。毎日違いますけど、色はだいたいブラウンです。

優香：うん。優香もカラコンかな。

まあたそ：あと、優香ちゃんは、リップめっちゃ気にしたりするな。

優香：確かに。リップはたくさん持ってます！

――他には最近何か気になることありますか？

優香：インナーマッスル鍛えたい。

ふくれな：え？

まあたそ：待って。何の話なん（笑）？

優香：インナーマッスルは一応美容やん！

ふくれな：私も最近、ボスティっていう腹筋専門のパーソナルジムに行ってるんですよ。で、鍛えたら、マジで、ヤバイ。

優香：何が（笑）？

ふくれな：わからんけどヤバイ（笑）。筋肉痛ヤバイ。ガリガリじゃなくて、筋肉もありつつキレイな感じがいいなと思ってます。

――運動は嫌いじゃないんですね！

ふくれな：嫌いです。

一同：笑

優香：うちも1日だけジムに行ってやめた。もうやりたくない（笑）。

まあたそ：優香ちゃん無理よ、きっと（笑）。挑まん方がいいよ、そもそも。

優香：だから機械に頼りたい。お腹とか。貼っただけで腹筋鍛えられるみたいなのがいい。筋肉がなくてさ。だからしんどいねん、階段あがんの。

ふくれな：え、やば（笑）。

まあたそ：おかしゅうなっとる体が。

――まあたそちゃんは最近気になる何かありますか？

まあたそ：なんだろう…何もないわ。興味が本当になくて、仕方なく毎日化粧してるみたいな。服の方が好きです。

――参考にしてる人とかいるんですか？

まあたそ：めちゃめちゃ一般の子を参考にしてます。ストリート系が好きで。今日はなんか大人しいの着とるけど、男の子が着るような服ばっかです。スラッシャー、サンタクルーズ、ヴァンズ…とか。ムラサキスポーツに置いてるブランドが好き。あとエックスガールとかも好きか

10万円分のTシャツ作ったもんな。

な。

優香：優香は二人の中間かもな。割と静かな感じやんな。

まあたそ：うん、静か。で、個性の塊。

優香：買い物中に「見よー」ってなる服屋さんは一緒やけど、買う服の系統は全然違う感じ。

まあたそ：店は一緒やな。

ふくれな：確かに、LHPとかね。他には優香ちゃんどこ行く？

優香：大人っぽい系かも。ミラオーウェンとか、スナイデルとか。

ふくれな：そっち系か。

優香：エックスガールとかで買う時は、ちょっとストリート寄りの服装を買うけど、基本はほんまにシンプルばっかりやから。

まあたそ：でもなぜか展示会行った時は、みんなおんなじもんばっかり買うっていう（笑）。

——三人でお揃いにしたりすることはあります？

ふくれな：自分らで作ったTシャツとか。

まあたそ：ああ～（笑）。

優香：三人でふさげて撮った写真とか、富士急に行った時のジェットコースターの上のブスの写真とかでTシャツ作って。みんなでおそろで着てます。

まあたそ：夏はむしろそれしか着てない（笑）。三人で10万円分のTシャツ作ったもんな。

ふくれな：めちゃくちゃ何種類も作ったもんな。

まあたそ：アホだなーって言いながら、夜中撮影して夜中のコンビニで支払いして。ファンの子に「今から撮影～朝まで頑張っとるー」って見せて、実はそのTシャツのブスの顔の撮影（笑）。

優香：結構動画でもあがってるから、ファンのみんなも「ああ～あの写真か」みたいな感じだよね。

まあたそ：ファンの子も、それを真似し始めて、みたいな（笑）。

優香：そういうしょうもないことに金使ってんな。

まあたそ：うちらはお金にならないことに、全力をかける。

優香：間違いない。逆に、そういうのにしかあんまお金かけへん。

——ふくれなちゃんが好きなブランドは？

ふくれな：リトルサニーバイトとか。今日のはLHPなんですけど、中に着てるのがそうです。

優香：優香もリトルサニーバイトはよく買うかも。

ふくれな：かわいいよな。ちょっと高いですけど、あんまり被らんていうか。個性的な感じが多くて。あとキャンディストリッパー。派手なやつが好き、原宿系の。

まあたそ：優香ちゃんは、何でも似合うよな。

ふくれな：優香ちゃんかわいいから。

優香：なんなん、いつも（笑）。

ふくれな：いや、そうなんですよ。ほんまに一番かわいいと思ってる。

まあたそ：近くにおりすぎて、わからんくなってだんだん薄れるけど、よくよく考えれば、やっぱり古川優香が一番かわいいんですよ。

優香：これがたまに始まるんですよ（笑）。

まあたそ：でも、実際会ったらなんか違う人（笑）。腹出しよるしオナラするし。

ふくれな：気取ってればめっちゃかわいい、気取ってないからかわいくない（笑）。

——仕事とか遊ぶ時とかデートする時とか、服装を変えたりしますか？

優香：そういえば、あんまり三人でおしゃれして出かけてないな。確かに（笑）。家ばっかりだもんな。

ふくれな：すっぴんパジャマみたいな。

まあたそ：あとはジャージ！

ふくれな：確かに。おしゃれして三人で海外行きたいな。

優香：うん。ずっと言ってるけど、この人（まあたそ）パスポート切れてるから。

まあたそ：いや実は…聞いて！

パスポート作った！
優香：え、ほんま？　じゃあ行こう！　韓国に行きたい！　韓国語喋られへんけど、場所はわかるんで、案内します。買い物めちゃめちゃしたい。
まあたそ：ほんまに行こう！

――男の子の話はするんですか？
ふくれな・まあたそ：するする！
優香：ありえへんぐらいグロいところまでする（笑）。
まあたそ：ここ（優香）はもう、包み隠さず、いろんな事情まで言うから。
ふくれな：もう、全部。語ってます。
優香：でも、ふくれなはもう落ち着いてるから。自分らのしょうもない話を聞く係。
ふくれな：でも、自分にはないから楽しい。
優香：確かにな。クズの話とかも聞かすかもしれん（笑）。
まあたそ：あ～そうやね。度肝を抜かれるようなこともあるな。「はぁぁ!?」「え～!?」みたいな。毎回爆弾落としてる（笑）。
ふくれな：本当（笑）！　地味に隠し事があって「実はさー…」みたいな。ほんま面白い（笑）。
まあたそ：ちょっと申し訳なくない？　ふくれなの純粋な心をえぐっていってるような（笑）。
優香：確かに。
ふくれな：いやでも、M君と付き合ってなかったら、たぶん私もめっちゃグロいから。
一同：笑
優香：ふくれなは、ホントに一人だけ純粋。

――最近三人で遊んで一番面白かった出来事は？
優香：あれや、マンバが面白かったやん。
まあたそ：そうや、三人でユニバーサル・スタジオ・ジャパンでマンバメイクしたな！　三人とも予定があって、移動も含めて6時間くらいしかなくて、ユニバも1時間しかおれんみたいな時に。この人（優香）眠たいからって、新幹線の中で寝始めて。
優香：マンバの格好でな。
まあたそ：寝とるよって言っとったら、その瞬間、優香ちゃん目開けたんですよ。
優香：それが、（お笑い芸人の）ナダルさんの眠たい時の顔に似てたらしくて。
ふくれな：おんなじ顔やねん（笑）。
優香：二人は面白かったらしいけど、自分の顔見えないんで（笑）。
まあたそ：涙が出てくる（笑）。
優香：でも最近遊んでないな。
ふくれな：遊び足りない。マジで、ここしか友達おらんねんから。ここかM君しかおらへん。
まあたそ：ほんまやな（笑）。

――ではこの三人はそれぞれにとってどんな存在ですか？
優香：私は、読モの時に、同じ読モをしてる友達があんまりいなかったんですよ。はなちゃん（現マネージャー）とか、サポートしてくれてる人とかと仲いいことが多くて。だから読モからユーチューバーになっても、同業の友達ができるかすごい不安だったんです。でも二十歳になってこんな仲いい、素敵な友達ができてすごく嬉しいです。
まあたそ：（泣）。泣きはせん（笑）！
優香：私は、あんまり人にグイグイ行かないタイプなのに仲良くしてくれるし。距離感も、近すぎず遠すぎずみたいな、楽で心地いい距離感でいてくれるのがすごい、好きです。
ふくれな・まあたそ：うわあぁぁ（泣き真似）。
一同：笑
ふくれな：私マジで友達いなかったんです、ガチで。地元の友達はいましたけど、大阪から東京に引っ越してきて、ああもう絶対に友達なんてできへんと思ってたんですけど、できたんです。マジで仲良くしてくれたんですね。それが本当に嬉しくて、頻繁に遊びたいと思ってます。好きなんで。
まあたそ：ぎゃぁ～（笑）！
優香：いや、もうほんまに。（ふくれなは）動画で見たらワイワイしてそうやけど、めちゃめちゃコミュ障やし。私が言うのもおかしい

マジで、ここしか友達おらんねんから。ここかM君しか。（ふくれな）

ですけど、ほんまに友達は、ここしかいないですよ。

まあたそ：マジで可哀相なくらい(笑)。断られたことない、遊びの誘いを。

ふくれな：間違いない(笑)。それくらい友達がいないんです。でもここが仲良くしてくれて。もう救いですね、唯一の救い。

まあたそ：うちに関しては、なんじゃろう。他に友達もおるんじゃけど、やっぱここが一番、楽な感じ。事務所の子も仲いいんじゃけど、その子らの前じゃ、ちょっとオナラできないんですよ。

ふくれな：ええ!? そうなん!?

まあたそ：この人らの前ではほんまに何も包み隠さなくていい。地元にも幼馴染みがいるんですけど、その子と過ごした23年間をこの1年間にギュッとした感じ。この歳でこんな人たちと出会えるとは思わんかった。ここまで気楽に、友達っていうより身内みたいな感じ。

ふくれな：確かに。

まあたそ：めっちゃ頻繁に連絡取るわけでもないし。だけど会ったら普通に仲いいし、きょうだいに会う感覚に近いかも。そんな感じの存在です。

――最後に、皆さん同じユーチューバーとして活躍されていますが、それぞれやこの三人のお仕事に対して思うことを教えてください。

優香：ユーチューバーって世間的にあんまり認められてる職業じゃないから、たまに、この職業恥ずかしいかなって思ったりもするんですけど、自分が一番楽しいし、周りとかもめちゃめちゃ面白いこといっぱいだし。まだそんなに認められてないかもしれないですけど、ユーチューバーは自慢の職業です。二人(まあたそ、ふくれな)は美容系で、普段はかわいく見えてるけど、動画でめっちゃブスなところとかを見せる人とか、他にいないと思うんですよ。ガチのすっぴんでめっちゃブサイクな顔をして。でもメイクしたらかわいい、とか。素で親近感が湧くのも、嫌味がなくてすごくいいし。純粋なところとか友達がいないところとかも、すごく好きです。

まあたそ：もう友達作らん方がええんや(笑)？

優香：うん、でもほんまに、(まあたそに)このままでいてほしい。うんこのモノマネの動画とか出したり、こんな意味わからん女いないんですよ(笑)。

ふくれな：うん、いない(笑)。

優香：女の子、男の子からもすっごい好かれるし、どこでもすぐ打ち解けられるし、ほんまに面白い動画やし。そやのに、一児の母として毎日お弁当作って、ちゃんとしてることとかも、めちゃめちゃ尊敬する。おばあちゃんになっても、ウンチの真似とかする人でいてほしい(笑)。

まあたそ：うちは、ずっとこのままってあれじゃけど。優香ちゃんが言っとった通りなんじゃけど、息子が今3歳で、子どもが学校とかでいじられるのわかっとるから。だからうちの中で子どもが小学校に上がる時がやめ時だって心の中で思ってて。だからあと3年か4年後にやめるのを想定してます。今の間に違うことをできるように、自分の中で好きなことを探してます。何がしたいんじゃろうって。

優香：初めて聞いた。

まあたそ：うん。だって嫌じゃね、小学校。今はわからんけど、残る物だけど、その時にしてるか過去にしてるかで違う。

優香：うんこの動画残っとるから。

まあたそ：じゃろ？ あんたもオナラの動画とか残っとるからな(笑)。いやでも、人は変わらずとも、することは変えていこうかなと思ってます。でもまあ二人にはありのままで、飾らずいてほしい。

ふくれな：私は高校生の時からユーチューバーやってて。半分いじめ？ みたいな、男の子から言われたりとかしてて。もうやめようかな、と思ってた時に、今の彼氏(M君)が現れて。で、「あんま気にしてたらあかんで」とか「編入したら？」とかいろんなことを言ってくれて。やめようかなと思うくらい恥ずかしくて、自分の過去が嫌って思ってたけど、上京してきて、いろんなユーチューバーの人に会って。みんな誇り持ってやってるんで。自分のそんな考えが恥ずかしいなと思って。なのでもう、恥じないで、頑張って、やっていこうかなと思います。

優香：イジイジすんな(笑)。

ふくれな：いやまじで、説明苦手。

まあたそ：いやわかるよ、無理よな。

優香：優香まとめた(笑)。

まあたそ：頭いいのよ、優香ちゃんは(笑)。

優香：さんこいちでインタビュー慣れてるからな。

まあたそ：うちらブスすぎて、雑誌に呼ばれんからな(笑)。

優香：これからも、ずっと仲良く、刺激を受けあいながらいろいろ遊ぼうね！

ふくれな・まあたそ：うん！

YUKA'S HISTORY

大阪で生まれ育った古川優香。おとなしかった幼少時代、バイトに明け暮れた学生時代、東京でお仕事奮闘中の現在まで、ぎゅぎゅっとまとめてみました。懐かしの秘蔵写真とともにお届け！

START 0

初めての大爆笑！

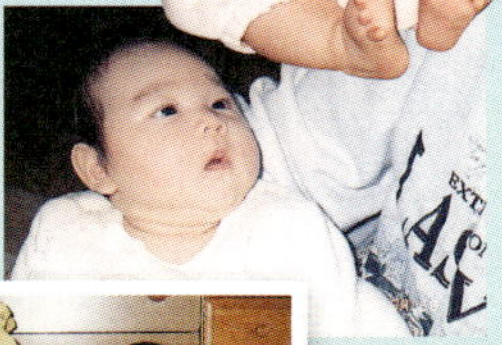

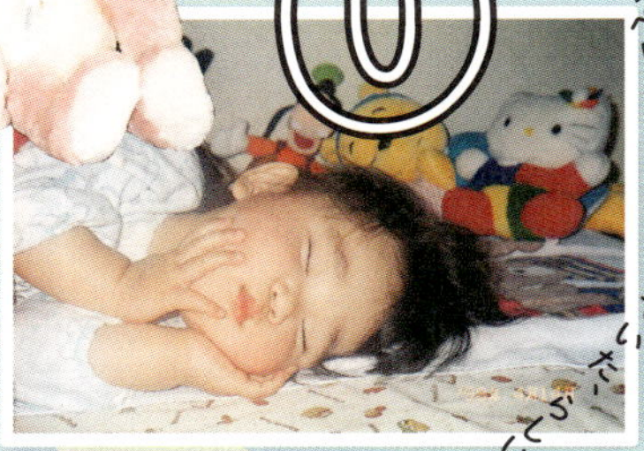

いつもほっぺに手を当てて寝ていたらしい（笑）

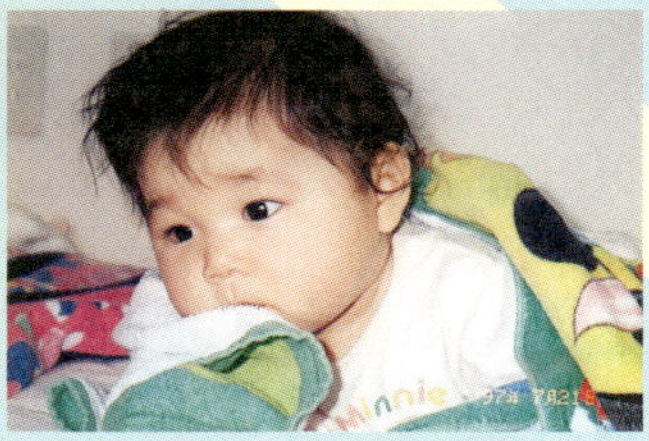

ちょっぴり人見知りな幼少期 いつもいとこと一緒に遊んでました

1997年1月15日に大阪市此花《このはな》区《く》に長女として生まれました。初めての子どもだったから、お父さんはゆうかを溺愛してて、今じゃ考えられないベタベタな写真とか動画を撮ってたらしい（笑）。ちっちゃい頃は、近所に住んでた、いとこの翔太と健太とよく一緒に遊んでて、お揃いの服を着たり、毎年恒例の東京旅行でディズニーランドに行ったりしていました。この頃からほんまにディズニー好きやな（笑）。あと、人見知りやったから幼稚園がめっちゃ嫌いで、友達はほぼいなかったんやけど、5歳で女の子よりも男の子と気が合うことに気づいて、外で活発に遊びまくってた！

1

お父さんがゆうかにメロメロだった（笑）

いとこと一緒に成長しました

2

ゆうか、初めてのディズニーランド♪

我が家の年賀状の写真になったベストショット★

いとこの翔太と「はなまるきっず」ていう本に載ったよ♪

4

家の中ではお調子者キャラでした（笑）

3

3歳の七五三★

大好きなひいばあちゃんと一緒にパチリ

妹・彩音が生まれてお姉ちゃんになったよ

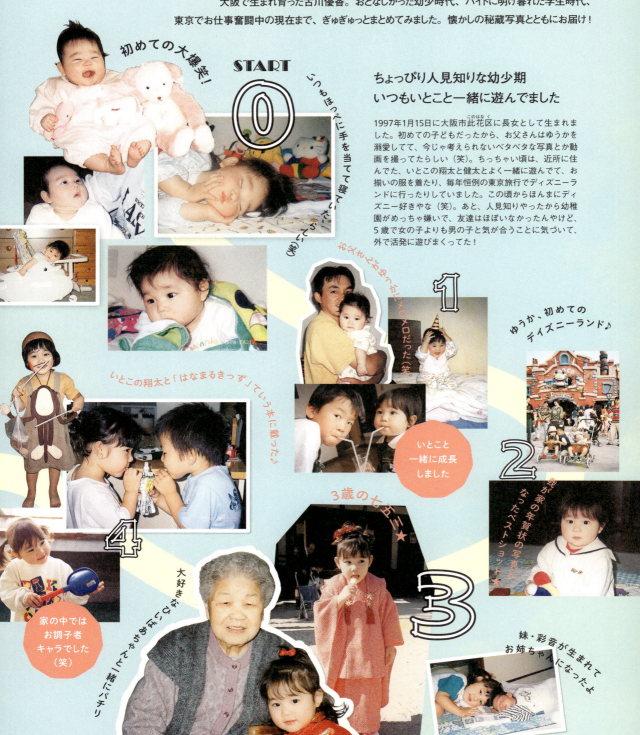

ドキドキ……緊張の卒業式！

12

小学校を卒業。地元の中学へ入学。

いとことおばあちゃんと家族で香川旅行

まいとかりんと常に一緒にいたな（笑）

11

遊びも旅行も全力で楽しむ！ユニバまでチャリ爆走が日課でした（笑）

小学校に入学してから小3くらいまではめっちゃ目立ちたがり屋。率先して手を挙げるタイプでした（笑）。小4くらいからは“女子”を意識し出して、おとなしい子に変貌。この頃は同じマンションの仲良しメンツでよく一緒に遊んでいて、家族ぐるみでごはん食べたり、お泊まり会したりしてました。家族では、遊園地とか旅行に結構行っていたのが思い出。ユニバが近所やったから、お年玉で年パス買って、おにぎりとか持ってチャリ漕いで遊びに行ってた。周りの友達もみんな年パス持ってたから、遊び場はいつもユニバでしたね。

マツケンサンバをおどった運動会♪

いつも一緒のちさきと合気道を習い始めたよ

10

家族でお出かけすることが多かったな～♪

8-9

仲良しメンバーのまい、かりん、みお♥

7

家庭教師を呼んで英会話を習い始めました

ゆうかが大好きだった叔父さんの結婚式（泣）

男の子になるのは諦めました（笑）

6

この頃、めっちゃ男の子になりたかってん！

5

弟・遼が生まれためちゃめちゃかわええ♥

キッズケータイを卒業して、スマホデビュー!!

波乱の高校受験…!

16-17

スカウトされて、WEGOショップ店員として働き始めたんよ

この頃Twitterを始めました。

地域のお祭りに参加!横笛を吹きました

中1の秋に初めて告白されて、彼氏ができた!

13-15

初恋、受験、バイト……あっという間に終わった学生ライフ

中1で初めて男の子と付き合ったんやけど、緊張しすぎて喋れなくて、手もつなげなかった（笑）。チャリ禁止の学校だったけど、やんちゃな子やったからチャリで家まで送ってくれたりして……今思い出すと青春だわ。高校は、親友のちさきと同じ高校に行きたくて。でも受験前日に高熱出して、当日ゲロ吐きながら試験受けました。無事受かったけど、校則厳しすぎてほんまにやめたかった（泣）。ちなみに、初バイトは高1で始めた焼肉屋さん。お金好きすぎて高卒まで週5で働いてた（笑）。高2で「WEGO」の店員も始めて、読モ団体「FLASH OSAKA」にも入りました。

18

ゆうか・りっくん・やっぴで、さんこいち結成★

読モデビュー♪

卒業後、なんとなくの勢いで上京!

地元以外にも東京の友達ができました

ぶくぞうと運命の出会いを果たしました♥

『ZIP!』に取材してもらった!

21

さんこいち
チャンネル
登録100万人
突破!

友達に頼まれて
アスパラのモノマネ(笑)

読モとして
がんばってた頃

さんこいちで
YouTube
スタート!

20

上京してからずっとはなちゃんと一緒

大阪から東京へ進出!
ユーチューバーとして活動開始!

高3で就活して内定ももらってたけど、やっぱ東京行く! ってなって急遽就職をやめました。高校卒業してからの3ヶ月間は、めちゃめちゃバイトしまくってお金をためて、6月に上京。武蔵関の1K69,000円のところに住みました。いい街やったなー。上京してから2年くらいは、ほんまにお仕事少なかったけど、読モやったり、19歳で「わんちゃんズ」ってユニット組んで歌を出したり(笑)、20歳でさんこいちのYouTubeを始めたりしてるうちに、お仕事が増えていきました。いつも応援してくれるファンのみなさんのおかげです! ほんまにありがとう! 忙しいけど、東京の友達もめっちゃ増えて、ほんまに充実してるよ♪

3人揃って、
キメポーズ★

FLASHメンバーと
ディズニーへ

江の島で撮った
イイ感じの写真〜♪

19

企画ユニット「わんちゃんズ」として
初のテレビ出演! なんとNHK★

1、2、3さんこいちです!

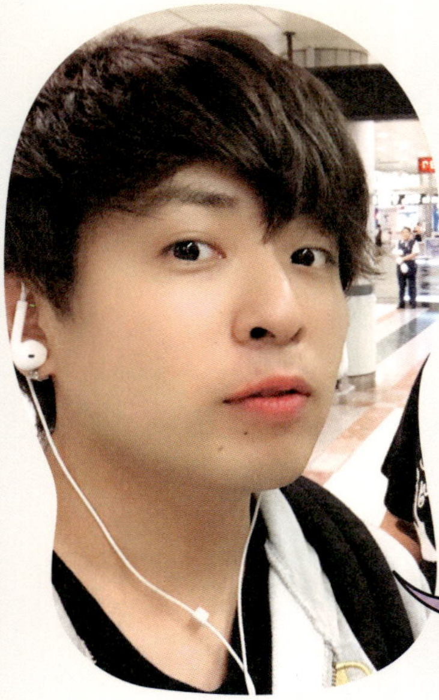

禁断ボーイズ 田中さん／
ユーチューバー

古川優香さんは、初めて２人で飲みに行った際に『アタシ、あんまり酔っ払わないんで』的な、まるでどこかのオフィスレディのお堅い良いオンナが言い放ちそうな一言を僕に言いました。素敵な女性だな、と感じました。二人で仲良くお酒を飲んだ後、お店を出て４歩だけ歩いたところで見たこともない美しい、飲んでもいない赤ワイン色のおゲロさんをぶっ放した古川優香さんは僕のとても大事な『お友達』止まりになりました。簡潔に言うととても優しい良い子ですねぇ。

from Furukawa
YouTubeまじで気合い入れよう！
ってきっかけをくれた人

from Furukawa
かわいい姫

はるき／友達

「優香ちゃんはおもろい。」

古川優香ってどんな子？
Message from friends

いつもお世話になっている友達や仕事仲間。ゆうかが愛するみなさんにメッセージをもらいました！
ちょっとプライベートな姿が垣間見れちゃいます。

from Furukawa
誰がなんと言おうとゆうかの彼氏

ヘンジンマジメ 米村海斗／
ユーチューバー

表には大変なこととか努力とか出さないし、どんだけ有名になっても変わらないのが凄い！　良い意味で（笑）。悪口も言わんし、なんやかんや１番大人な意見でいつもハッとさせられてるっていう（笑）。なんか会うと頑張らないとなーって思わせてくれる大事な友達の１人。でもまじでプライベートでも会うたびに変なメイクとかコスプレさせてくるのやめてほしい（笑）。

from Furukawa
ゆうかのこと
大好き星人

かやくま／ユーチューバー

優香ちゃんは共通の知り合いがいて仲良くなったけど、今では大親友って言えるくらいなんでも話せて一緒にいるだけでほんっまに落ち着くし大切な存在!!　なんでも相談に乗ってくれるしアドバイスもしてくれるから、ほんまのお姉ちゃんみたいやなぁって思ってるいっつも！ユーチューバーで1番仲良いのはかやくまって言ってくれた（今ではわからんけど…）のがすごい嬉しかったし、あたしもそう思ってます♡笑

from Furukawa
上京するきっかけになった人

丸本さん／前事務所プロデューサー

古川はほんとに不思議な子で、“作ってない”を作ってるのかな？と思ったら、ほんとに作ってない子だった。でもその古川の素の良さが雑誌やツイッターでは伝わらなくて、動画の時代になってやっと伝わるようになったのかなって。素の古川が１番可愛いと思うので、人気になっても素でいてくださいね。

さぁや／ユーチューバー

優香ちゃんはおめめくりくりでめっちゃかわいいのに、とにかくノリが良くて面白い‼ 優香ちゃんのゆるっとした雰囲気が一緒にいると落ち着くの♡ そして常に笑いが絶えなくて楽しいです！　早く旅行行こうね♡笑

歩乃華／ユーチューバー

優香ちゃんと出会ったのは MelTV というチャンネル。ごはん行こーってなった時に寝坊したと思ったら優香ちゃんも寝てたことがあった（笑）。まあたそと３人でお泊まりした時にも、気が付いたら優香ちゃん寝てた（笑）。年下やけど同い年感覚で話せるし、関西同士やから一緒におって気ぃ使わんし楽しい！　スタイルブックおめでとう大好き (^^) ♡

よきき／ユーチューバー

皆さんから見る優香ちゃんは、サバサバしてて、自分の素をさらけ出しちゃう、面白くて親近感が湧くキャラだと思いますが、実はちゃんと乙女な心を持っているので可愛らしいなと思っています（笑）。これからもよろしくね！

SHOGO／元 FLASH メンバー

古川はかれこれ６年くらいの付き合いになるが初めはキャピキャピ系かなと思ってたら全然ゴリラみたいな男っぽい性格で今じゃ女の子とは思えへん（笑）。妹みたいな感じでずっと接してたけどユーチューバーになってからすごい大人びたなーと感じておりますー！　これからもゴリラとして頑張ってくれーい（笑）！

そわんわん／ユーチューバー

最愛なる優香ちゃん、この度は出版おめおめおめでっと～おめでとう～おめでとう～そしていつもありがとう!!!　お仕事も遊びも全力の優香ちゃん。本出すために色々頑張ってたの見てたよ、お疲れ様。いつか世界一周しよな！

むっち／
さんこいちマネージャー

出逢って５年経つのにもかかわらず、素が見えないミステリアスな女性♡ 大雑把に見えて実は繊細な一面もあるけど、友達想いですごく優しい子♡ てへぺろ。

ねぎりょー。／ユーチューバー

まだ知り合ってから１年も経ってないってことに驚きを隠せないくらい仲良くさせていただき誠にありがとうございます。この文章を書いてる前日も遊んだくらい（笑）。一緒にいると死ぬほど元気を貰えます。生けるパワースポット。以上の点を踏まえると、僕はもしかしたら『ほぼさんこいち』なのかもしれません。忙しいはずなのにそれを感じさせないほど遊びに全力な姿は素直に尊敬です。これからも優しくて面白くてたまに女子力をゴミ箱に捨てちゃうお茶目な古川であり続けてください。フッ軽同盟永久不滅マジ卍。

ゆっけ／

元 FLASH メンバー

ゆうか～スタイルブック発売おめでとう～！　なんだかんだもう６～７年くらい？ の付き合いだけど未だに謎な人間（笑）。優香の更なる飛躍を陰ながら応援してます！

from Furukawa

保護者

from Furukawa

一番の先輩

こんどうようぢ／前事務所先輩

古川は昔チークが濃くてリップもめちゃくちゃ濃くておかめみたいってバカにしてたのに、今じゃあかわいくなって驚きです。皆に愛される親しみやすいキャラは古川のいいところです。早くカンジャンケジャン行こう。

たくと／元 FLASH メンバー

古川はいつも明るくて一緒にいて楽しいし、昔から面倒見が良くてみんなに愛される存在で、何をやっても一生懸命な古川は自慢の友達です(^^) これからも応援してます！

from Furukawa

何喋ってるかわからん人

アバンティーズ そらちぃ／

ユーチューバー

from Furukawa

なんでも話せるええ奴。
大好き

古川あいうえお作文
ふ フっ軽
る ルーズソックス学生時代、絶対はいてた
か 可愛いけど恋愛対象外になりがち
わ ワリオにちょっと似てる
ゆ ユーモアにステータス振り切りすぎ
う うんこ漏れてんかレベルで屁が臭い
か かなりの酒飲み。また飲もうな
PS. 以前一緒にお酒飲んだ時、潰れた見ず知らずの後輩にタクシー代を渡し、送っていたのを見てこいつ底抜けの良いやつだなって思いました。これからも仲良くしてください。

丸山礼／お笑い芸人

本出版おめでとう！　かわいすぎ。また、ぺえと３人でご飯食べて寝ようね。心が温かくて気遣いが徹底していて、でも抜けていてかわいいところもあるゆうかちゃんの魅力がいろんな人に伝わるといいな。本、買って友達に配るね。

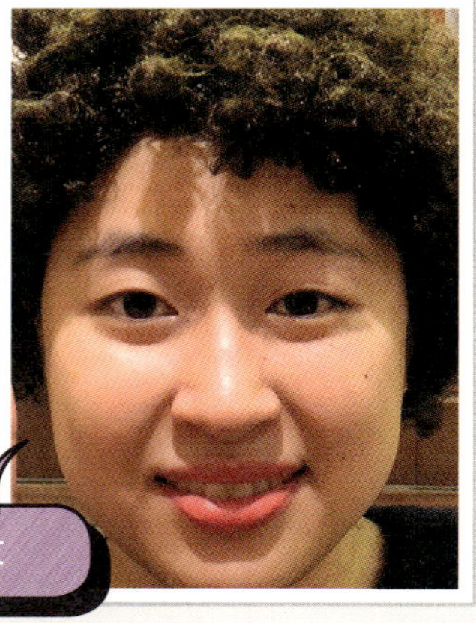

from Furukawa

本当に面白い、親友

from Furukawa

スペック高すぎなロン毛

くろちび／さんこいち裏方

やさしいへそまがり。
フルメロスゴイ ^^

from Furukawa

東京のパパ、変な人

竹内さん／美容師

ゆーかの事は大阪の頃から知っていて、大福みたいにコロコロかわいかったけど、どんどん綺麗な大福になって、これからさらに楽しみです！　どんどんビッグな大福になって、変わらずかわいいままでいてね。

AKI／

MC タレント・古川優香マネージャー

ユーチューバーのイベント MC をする中で、仲良くなりました。古川の、かわいさの中にたまに垣間見えるおじさんぽさに、僕はとても好感を持ってます（笑）。スタイルブックおめでとう。

from Furukawa

超何でもできるゆうかだけの
多才マネージャー

from Furukawa

本当の素を出せる人、くさい人

ぺえ／タレント

いざ貴方にコメントを出してくれと言われてもなんの言葉も浮かばないのが現実です（笑）。
ですが私は貴方のことを仲のいい友達ベスト５には入ると思っています。自分に良くしてくれる人にはしっかりとした愛情で返し、そうでない人には特に無関心な人間味溢れる貴方が大好きです。なんでこの人って人気なんだろう､､､ どこに魅力があるのだろう､､､ 何度も考えました。そういうなにも飾らず自然体ありのままの古川優香を常に出し続けていること。そこに人の心を掴むチカラが隠れていることを近くで見ていて気づきました。これから貴方の進化や活躍を期待するよりもありのままの古川優香でいてくれることを私は一番に願います！　貴方の大きな一歩になるであろうこの大切なスタイルブックにコメントを残せたことを光栄に思います。本当におめでとう!!!

サグワ／

元彼・ユーチューバー

優しくしてやってるから優しくしてくれるいい奴！！

from Furukawa

ソウルメイト

大松絵美／ユーチューバー

from Furukawa

結婚できない仲間

生まれ変わったら優香ちゃんになりたい！ と思うくらい私にとって優香ちゃんはまぶしい存在★ きらりんレボリューション★ 人気も実力もあってかわいくて誰からも好かれていて…非の打ち所がない優香ちゃんなのに、いつも謙虚で低姿勢な所が一番すごいと思います。尊敬！　この一言に尽きます。

なかだいはな／

古川優香マネージャー

スタイルブック発売おめでとう！　飛躍し続ける古川をずっと応援してます～。クリスマスとバレンタインを一緒に過ごさなくて済む日がお互いに来ますように（笑）。いつまでも面倒みるから頼ってくださいナ！

from Furukawa

親友兼おかん

from Furukawa

大人気 TikToker。かわいい後輩

中町 JP ／動画クリエイター

初めて会った時は震えました。なぜならかわいかったからです。しかし何回も遊ぶようになり、徐々に女からお母さんになってきました。これからも僕の面倒をみて下さい。数少ない優しく接してくれる先輩です。飯行こ!!

よさこいバンキッシュわきを／ユーチューバー

貴様のオナラで世界中の人を救える。これからも精進すべし。

from Furukawa

なんでも話せる数少ない同い年ユーチューバー

from Furukawa

変な人

ごっちゃん／

元 FLASH メンバー

スタイルブックおめでとう♡ 毎回会うと変な顔って言われるんですけど、最強にこの人おもろい（笑）。女捨ててるところが好きです、これからも仲良くしてね！

YOUR SUPPORT

xoxo

THANK YOU FOR ALL

あとがき♡

この本を手に取ってくれて、最後まで見てくれて、
ありがとうございます!!

何の取柄もない、やりたいこともなかったゆうかに
目標や、がんばろうって気持ちを教えてくれたのは
みんなです、

そして、ず――っと夢やったスタイルブックを
出せたのも、いつも周りで支えてくれている
マネージャー、さんこいち、応援してくれているみんな、
地元の友達、東京の友達、家族のお陰です、
本気で思ってるからな！笑　ありがとう。

何があってもずっとこの感じで、ポンコツなゆうかですが、
突っ走っていくのでついてきてください☺
ゆうかみんなおらなむりやから！笑

これからもよろしくお願いします、
いつもありがとうございます、

大好き――っぶちゅ♡

古川優香

古川 優香

（ふるかわ・ゆうか）

1997年1月15日生まれ。大阪府出身。ユーチューバーユニット「さんこいち」の唯一の女性メンバー。読者モデル。かわいすぎるメイクやファッションで、10代、20代の女性に絶大な人気を誇る。その一方で、飾らないマイペースな性格も女性から支持を集める。

@FURUKAWAYUKA_

@iamyukaf

#てんこもりフルカワ

古《ふる》川《かわ》優《ゆう》香《か》スタイルブック Make《めいく》 &《あんど》 Fashion《ふぁっしょん》

2019年4月4日　初版発行

著者：古《ふる》川《かわ》 優《ゆう》香《か》
発行者：川金 正法
発行：株式会社KADOKAWA
〒102-8177 東京都千代田区富士見2-13-3
電話：0570-002-301（ナビダイヤル）

印刷：凸版印刷株式会社

KADOKAWAカスタマーサポート
電話：0570-002-301（土日祝日を除く11～13時、14～17時）
WEB：https://www.kadokawa.co.jp/
（「お問い合わせ」へお進みください）

※製造不良品につきましては上記窓口にて承ります。
※記述・収録内容を超えるご質問にはお答えできない場合があります。
※サポートは日本国内に限らせていただきます。

定価はカバーに表示してあります。

ISBN978-4-04-896447-0 C0076

STAFF

PHOTO

伊藤元気（symphonic）／cover, P4-19, P54-61, P110-111
藤井由依（Roaster）／P20-35, P36-49, P76-83, P86-91, P94-99
栗原大輔（Roaster）／P46-47（still）
むっち／P68-75, P84-85

STYLING

仲子菜穂／cover, P4-19, P54-61, P110-111

HAIR & MAKE-UP

NAYA／cover, P4-19, P54-61, P110-111
大森さち／P20-35
高橋有紀／P36-45

DESIGN

髙谷 航

PROOFREADING

麦秋アートセンター

EDIT & TEXT

鈴木まゆ
田中朝子（Roaster）

EDIT

間 有希

SPECIAL THANX

りっくん、やっぴ、ふくれな、まあたそ
そわ、はなちゃん、AKIくん

鈴木さん、間さん、田中さん

ふるちゃんずのみんな

SHOP LIST

アコモデ ルミネエスト新宿店 03-5925-8278
アリア 03-5467-8610
ケレン 06-4390-7008
ススプレス 03-6821-7739
ネオンサイン 03-6447-0709
ピールピーアール 03-6434-1368
ホリデイ 03-6805-1273
メルロー 03-3664-9613
リキュエム www.liquem.net